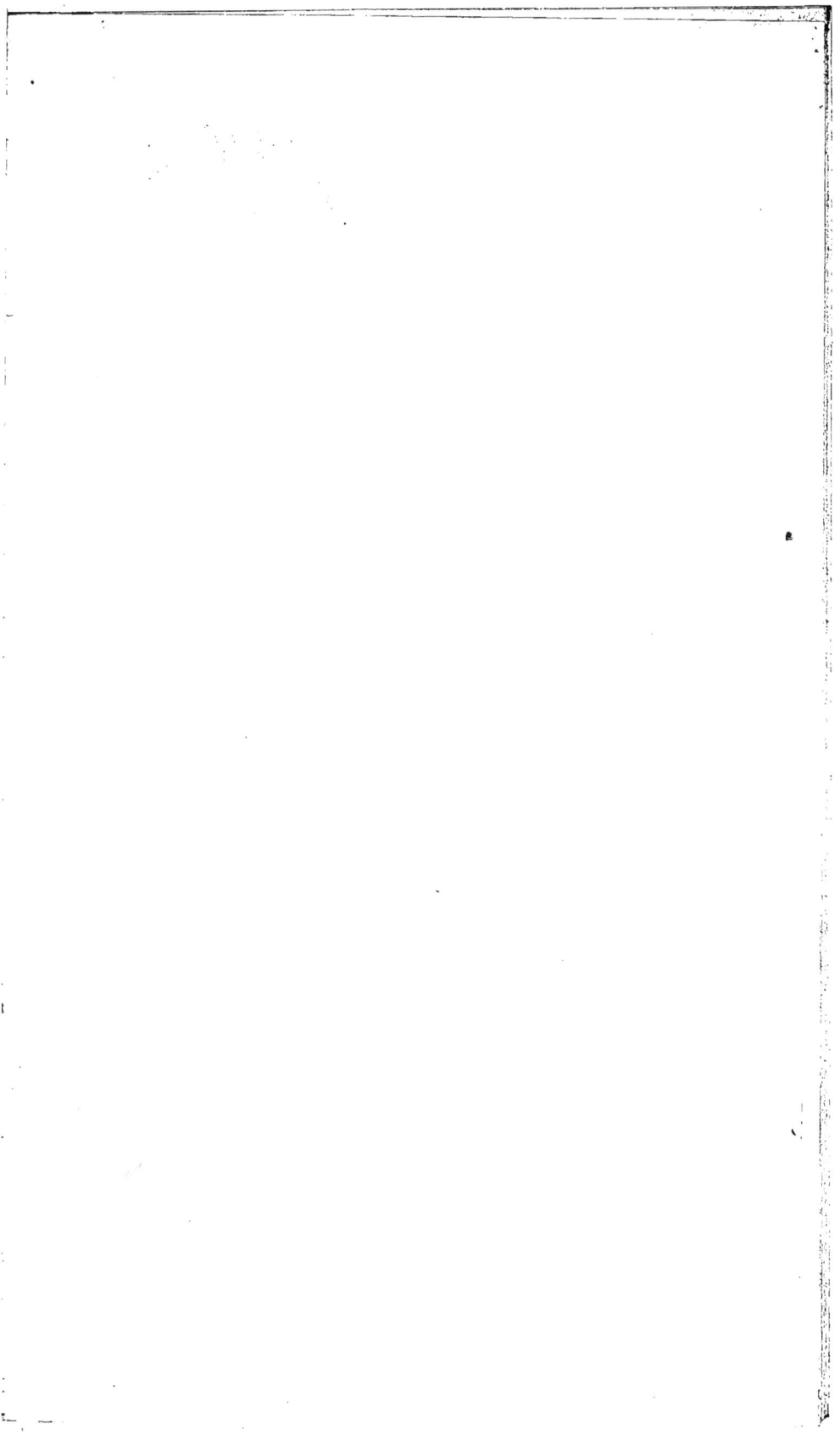

B - 6

2650

CONSIDÉRATIONS GÉNÉRALES

SUR LA

PROPAGATION

DANS LES ANIMAUX,

PAR

M. DUVERNOY,

MEMBRE DE L'INSTITUT,
PROFESSEUR AU COLLÉGE DE FRANCE, ETC.

Extrait du *Dictionnaire universel d'Histoire naturelle.*

PARIS,
RUE DE BUSSY, 6.
1847.

IMPRIMERIE DE L. MARTINET, RUE JACOB, 30

CONSIDÉRATIONS GÉNÉRALES

SUR LA

PROPAGATION

DANS LES ANIMAUX.

Introduction.

La vie de tout être organisé ne se manifeste que par les fonctions, dont l'ensemble nous donne l'idée du mode d'existence propre à chacun de ces êtres. L'exercice de ces fonctions finit par user, au bout d'un temps plus ou moins limité, les organes qui leur ont servi d'instruments.

Cette usure, cette sorte d'incapacité pour le mouvement vital, qui s'introduit successivement, ou simultanément, dans les différentes parties de l'organisme, produit la mort naturelle de chaque être, dont l'existence a duré le temps pour lequel le jeu de son organisme avait été constitué.

On peut en conclure que les premiers êtres vivants sortis des mains du Créateur, après avoir cessé d'embellir et d'animer la surface du globe, l'auraient laissée nue, inanimée et muette, si, avec la faculté d'entretenir leur propre vie par la nutrition, ils n'avaient eu celle de la transmettre à des germes qui contiennent leur espèce.

Ces germes font temporairement partie de chaque organisme, ils en sont le produit; ils s'en séparent ensuite en continuant d'exister comme individualités distinctes; ils subissent les changements successifs qui caractérisent, pour chaque espèce, les diffé-rentes époques de la vie; et ils reproduisent, dans les phases correspondantes de leur existence, les ressemblances de l'individu ou des individus auxquels ils la doivent.

Cette faculté, qui fait succéder les générations aux générations, les individualités d'une espèce à celles qui l'ont précédée immédiatement dans la vie, est celle que nous ferons connaître dans cet article sous la dénomination générale de *Propagation*.

La Propagation a produit la succession nécessaire, déterminée, des générations de toute espèce vivante, avec les caractères indélébiles qui la distinguent, depuis le premier ou les premiers individus créés, jusqu'à ceux dont il nous est donné d'observer l'histoire, c'est-à-dire les différentes manifestations de vie qui les caractérisent.

La *Création* a commencé l'existence de chaque espèce, la *Propagation* la continue. Mais il y a cette immense différence entre l'une et l'autre, que la création n'ayant pas les secours d'un ou de deux parents pour protéger, pour sustenter le premier ou les premiers individus créés, leur première existence a dû nécessairement correspondre, du moins pour un très grand nombre, au plus tôt à la troisième époque de la vie, à celle que j'appelle d'alimentation et d'accroissement indépendants (*voir* le t. IX de ce Dictionnaire, p. 281 , le commencement de notre article *Ovologie*).

Comment, en effet, les germes de l'espèce humaine auraient-ils pu se développer hors du sein (de l'utérus) d'une mère? Comment l'enfant nouveau-né aurait-il pu continuer de vivre sans les mamelles de sa mère, sans tous les soins de sa sollicitude instinctive? Comment le Mammifère se serait-il passé du lait qui doit être sa première nourriture? Comment aurait-il cherché un autre aliment quand il naît aveugle, ou, du moins, les yeux fermés, selon son espèce? Comment celui qui doit vivre de proie aurait-il pu la surprendre ou la dompter au second âge de la vie, où le plus souvent il ne peut se tenir sur ses pieds? Qui aurait fait ce nid protecteur où le jeune Oiseau sort de l'œuf sans plumes, et hors d'état de se procurer la nourriture appropriée à sa faiblesse, et la plus propre à lui donner un prompt accroissement? Comment le Ver aveugle d'un très grand nombre d'Insectes, sujets aux métamorphoses les plus complètes, aurait-il pu rechercher et découvrir la nourriture la plus convenable à son prompt accroissement, sans l'instinct de sa mère qui a déposé ses œufs au milieu de cet aliment tout particulier, qui doit être le *lait* de sa larve?

Si la *Propagation* suppose un parent au moins; si elle nous donne la notion des germes qu'ils produisent, de leur développement successif; si elle nous fait comprendre l'existence d'un être faible protégé par celui qui lui a donné le jour; la *Création*, qui ne peut admettre ce secours, suppose nécessairement l'âge où l'individu est doué à la fois de tout l'instinct et de toute la puissance de conservation nécessaire pour continuer son existence.

CHAPITRE Iᵉʳ.

DES DIVERS MODES DE PROPAGATION CONSIDÉRÉS EN GÉNÉRAL ET DANS LEURS RAPPORTS AVEC LES TYPES, LES CLASSES ET LEURS DIVISIONS.

§ 1. *Des différents modes de Propagation considérés dans l'ensemble des êtres organisés.*

Tous les êtres organisés ne se propagent pas de la même manière. On pourra lire, à l'article ANIMAL de ce Dictionnaire (t. I, p. 526-528), la désignation de leurs principaux modes de Propagation.

Ils se multiplient en se divisant, et dans cette sorte de *Propagation*, qu'on appelle *fissipare*, chaque organisme, ainsi mutilé, a la faculté de *reproduire* les parties qui lui manquent, pour former de nouveau une individualité complète. La bouture qui fait pousser des racines à un rameau végétal, ou la partie aérienne qui manque à ses racines ou à sa tige souterraine, appartient à ce mode de Propagation.

Ils se multiplient en développant, dans quelques parties de leur surface, des germes ou des bourgeons, qui y prennent, par continuité de tissu et de nutrition, tout l'accroissement nécessaire pour pouvoir vivre séparés de leurs parents comme individualités distinctes, ou qui y restent attachés et forment avec lui une agrégation d'individus. C'est la Propagation gemmipare ou par *germe adhérent*.

Ils se multiplient le plus généralement par *germe libre*. Je comprends sous cette dénomination tout germe susceptible de se développer ultérieurement, séparé de son parent ou de ses parents (les Ovipares), par la seule influence des agents physiques, ou dans un organe d'incubation presque toujours différent de celui où il s'est formé à la suite de la fécondation (les animaux vivipares). Même, dans ce dernier cas, il est encore libre jusqu'à un certain point, c'est-à-dire qu'il n'a pas une véritable adhérence par continuité de tissu, du moins chez les animaux, avec l'organe d'incubation de son parent.

Ce germe libre est généralement contenu dans un œuf ou dans une graine.

La graine ou l'œuf végétal renferme un germe avec ses premiers éléments nutritifs, ayant la faculté de se développer, de germer séparé de son parent, par la seule influence des agents physiques.

L'œuf complet et fécondé est la graine de l'animal, ayant dans chaque espèce une forme, une couleur, un volume déterminés comme la graine végétale. Il se compose de même d'une enveloppe protectrice, ou seulement nutritive pour les vrais vivipares; d'une provision d'éléments nutritifs, qui varie suivant le lieu et le mode d'incubation, et d'un germe dont la première phase du développement ne correspond pas à celle de l'embryon plus avancé que renferme la graine. Pour celle-ci, c'est dans l'ovaire ou l'organe de fructification qu'a lieu cette première phase ; pour l'œuf animal, ce peut être dans l'eau (l'œuf des Poissons, celui des Batraciens, etc.). C'est dans l'oviducte incubateur, lorsque la fécondation a été intérieure.

L'œuf ou la graine, renfermant un germe plus ou moins développé, suppose toujours le concours de deux organes sexuels pour la formation de ce germe : l'élément femelle ou l'ovule, qui est produit dans l'ovaire ou la glande ovigène ; et l'élément mâle, c'està-dire la fovilla contenue dans la poussière des étamines pour la graine, et le sperme ou la liqueur sécrétée par la glande spermagène pour l'œuf animal.

La fécondation, suite du rapprochement des deux éléments du germe et de leur action réciproque, nécessaire pour le constituer, distingue essentiellement la *Propagation par germe libre* contenu dans la graine ou dans l'œuf.

Mais il y a, chez les animaux inférieurs et chez les végétaux, une autre génération par germe libre, qui n'a pas pour préliminaire essentiel, indispensable, du moins d'après les notions actuelles de la science, sa fécondation.

Ce germe libre, dans les végétaux, s'appelle *spore*, *sporule*, *gongyle*. On n'y distingue pas d'embryon, comme dans la graine. On n'y découvre qu'une composition cellulaire homogène, qui renferme cependant comme l'embryon, mais virtuellement, toutes les parties du végétal que cette espèce de germe libre a la faculté de reproduire.

Dans le règne animal, certains Zoophytes des classes inférieures (les *Spongiaires*, quelques *Polypes à polypier*) présentent avec les Algues et certaines Conferves la plus singulière ressemblance dans leur Propagation. Les Éponges se remplissent de germes, à certaines époques de l'année, qui s'en détachent avec la faculté de se mouvoir, pendant quelque temps, dans l'espace, au moyen de cils vibratiles. Ce sont des sortes de larves, puisqu'elles ne montrent pas encore la forme de leur espèce, et qu'elles subissent une métamorphose complète à cet effet ; mais ces larves ne proviennent pas d'un œuf développé dans un organe particulier. Ce sont des bourgeons adventifs que

paraissent produire toutes les parties intérieures des cavités du Zoophyte, par suite d'une exubérance de vie.

Des Algues et des Conferves produisent de même des germes libres à cils vibratiles, qui leur donnent la faculté de se mouvoir dans l'espace, jusqu'à l'instant où ils se métamorphosent pour se fixer et prendre les formes de l'être qui les a produits.

§ 2. *Exposé des modes de Propagation suivant les Types et les Classes du Règne animal.*

Le Type supérieur des *Vertébrés* ne se propage que par germe libre ou par œuf. Ce germe est toujours le résultat de la fécondation que détermine la rencontre de l'élément mâle ou du sperme, avec l'élément femelle ou l'ovule. Ces deux éléments sont toujours le produit d'organes spéciaux, les glandes spermagènes, pour l'élément mâle, et les glandes ovigènes pour l'élément femelle. Chacun de ces organes fait partie de l'organisme d'individus distincts qu'ils caractérisent comme mâle ou femelle.

Nous réservons à ce mode de Propagation la dénomination plus spéciale de génération bisexuelle dioïque, en empruntant aux botanistes cette dernière épithète, avec la même acception.

Dans ce premier type du Règne animal, les sexes sont conséquemment séparés. Si quelques *Poissons* ont offert, dans des cas rares, un ovaire et une laite réunis dans le même individu, ou deux ovaires et deux laites (suivant Cavolini), nous pensons que cette réunion était seulement accidentelle.

Le *Type des Articulés*, tel que nous le circonscrivons, montre encore, dans la généralité des classes, le même mode de propagation que celui des Vertébrés, c'est-à-dire la *génération bisexuelle dioïque*.

Les *Crustacés*, les *Myriapodes*, les *Arachnides*, les *Insectes* n'en ont pas d'autre.

Parmi les *Annélides*, il y en a chez lesquels les organes sexuels sont séparés dans des individus différents ; telles sont les *Annélides errantes* et même les *Sédentaires* ou *Tubicoles*. Tandis que chez les *Annélides abranches* ou *endobranches*, qui comprennent les *Sangsues* et le Ver de terre ou le *Lombric*, les organes sexuels des deux sexes sont réunis dans le même individu.

La fécondation n'a pas lieu cependant, sans le rapprochement de deux individus qui se fécondent mutuellement.

Les *Naïdes*, qui font partie de cet ordre d'Annélides, paraissent avoir aussi la faculté de se propager par scission, et ce n'est qu'après plusieurs divisions successives qui ont lieu dans la même saison, à la suite de chacune desquelles la moitié antérieure reproduit la postérieure qui lui manque ; et la partie postérieure germe et développe de même rapidement la partie antérieure de son corps mutilé ; que les individus ainsi complétés prennent des organes de génération pour se propager enfin par œuf.

Dans la classe des *Cirrhopodes*, que nous plaçons à la fin de ce type, parce qu'elle sert de transition entre les Articulés et les Mollusques, il y a réunion des organes des deux sexes dans le même individu et hermaphroditisme complet. Les deux éléments du germe, mâle et femelle, produits par les glandes spermagène et ovigène, se rencontrent en sortant de ces organes, au passage qui conduit l'ovule dans son lieu d'incubation.

Ainsi, la génération, toujours bisexuelle et dioïque dans le type supérieur des Vertébrés, l'est encore, à peu d'exceptions près que nous venons de signaler, dans celui des Articulés.

Mais, à mesure que l'on descend dans la série des types et des classes, on trouve que la faculté de se propager devient plus facile et plus variée, et que, dans la même classe, et encore plus dans le même type, le mode de Propagation n'est plus uniforme.

Les *Mollusques* nous en offriront un premier exemple. Les sexes, dans ce type, sont loin d'être toujours séparés.

Ils le sont dans la classe des *Céphalopodes*, dont le mâle et la femelle se rapprochent pour la fécondation.

Mais déjà la classe des *Gastéropodes* comprend des Ordres entiers, chez lesquels les sexes sont réunis dans le même individu ; tandis que, chez les autres, ils sont séparés.

Dans le cas d'hermaphroditisme, il n'y a de fécondation possible que par le rapprochement de deux individus qui se fécondent réciproquement, comme les Sangsues.

Cet hermaphroditisme avec organes d'accouplement se voit encore dans la classe des *Ptéropodes*.

Celle des *Acéphales testacés* se compose ou des familles ou des genres chez lesquels les sexes sont séparés (les *Mytilacés*, les *Cardiacés*) ; d'autres genres ont les organes sexuels réunis dans le même individu, qui a la faculté de féconder ses ovules : les *Peignes* et les *Cyclades* sont de ce nombre.

Enfin il y a un certain nombre de genres dont on ne connaît encore que les organes femelles, quoiqu'il soit très probable que les organes mâles, ou les glandes spermagènes, se développent, à l'époque du rut, pour la fécondation des ovules.

C'est aussi le cas d'une classe entière, celle des *Brachiopodes*.

La classe des *Tuniciers*, qui se divise en deux sous-classes, dans notre méthode de classification, celles des *Trachéens* et des *Thoraciques* ou *Ascidiens*, ont dans chacune de ces sous-classes, des caractères distinctifs, sous le rapport de leur Propagation.

La première, qui comprend les *Salpa*, est vivipare. Leurs glandes spermagènes dont l'existence avait paru douteuse, d'après une indication de M. Meyer, paraissent avoir été mieux déterminées par M. Krohn.

Dans les *Tuniciers ascidiens*, l'hermaphroditisme sans organes d'accouplement est général : mais, outre cette génération sexuelle, les *Ascidies composées* et des *Ascidies simples* (les *Clavelines*), dont les téguments conservent un certain degré de mollesse et beaucoup de vitalité, peuvent se propager par bourgeons ou par germes adhérents.

Remarquons que ce mode de Propagation est généralement lié à l'immobilité de l'agrégation qu'il produit, et que cette faculté si puissante de reproduction, compense les causes plus multipliées de destruction auxquelles est exposé l'être privé de la faculté de se déplacer.

Le Type inférieur du Règne animal, celui des *Zoophytes* ou des *Animaux rayonnés*, considéré dans son ensemble, présente tous les modes de Propagation que nous avons énoncés dans notre premier paragraphe.

Les *Echinodermes*, que je divise en quatre ordres dans ma classification, les *Holothurides*, les *Echinides*, les *Stellerides* et les *Crinoïdes*, ont les organes sexuels généralement séparés, sans organes d'accouplement.

Ils paraissent réunis dans le premier ordre, celui des *Holothurides*.

Cette réunion est même très intime dans la *Synapte Duvernoy*, observée par M. de Quatrefages, puisque dans le même boyau générateur il a vu la place où se développent les ovules, avec tous leurs caractères de composition, c'est-à-dire avec un vitellus, une vésicule et une tache germinatives. Le même tube générateur renferme deux séries de capsules qui produisent le sperme avec les nombreux spermatozoïdes.

Chez les *Holothurides proprement dites*, les sexes seraient séparés, et les organes mâles, comme les organes femelles, seraient des boyaux ramifiés, plus développés pour les ovaires, qui ont une seule issue entre les tentacules qui entourent la bouche.

Les *Echinides* et les *Stellérides* les ont aussi séparés, avec une forme et des apparences assez semblables, de manière qu'ils ont été pris les uns et les autres, jusqu'à ces dernières années, pour des ovaires.

Il a fallu les investigations microscopiques pour déterminer que, chez les uns, le contenu se composait essentiellement de spermatozoïdes, et, chez les autres, d'ovules.

Les *Crinoïdes*, dont les uns sont libres (les Comatules), les autres sont fixés (les Encrines), pourraient bien différer aussi, sous le rapport de la séparation ou de la réunion des sexes et des organes sexuels.

Ils sont séparés dans les *Comatules* et situés à la base des pinnules des bras, conséquemment en très grand nombre.

Chez les *Encrines*, la position des ovaires est la même ; mais celle des organes mâles n'a pas été décrite de manière que l'on puisse affirmer qu'ils existent séparés, dans des individus distincts de ceux qui portent les organes femelles.

La génération sexuelle n'est pas la seule que présente la classe des *Échinodermes*. On dit que les Holothuries peuvent se multiplier par scissure, comme les Naïdes. Les *Encrines*, qui se composent d'une tige ramifiée, se multiplient par bourgeons, lesquels sont aussi nombreux qu'il y a de rameaux ou de ramuscules, portant l'animal rayonné, fixé à l'extrémité de chaque rameau.

Dans la classe des *Acalèphes*, dont les individus jouissent de la locomotilité, la génération sexuelle est générale ; mais il est plus rare que dans la classe précédente qu'elle soit à la fois bisexuelle et dioïque.

Des observations sur la séparation des sexes dans les *Méduses* ont été contestées. Cependant il est certain que chez plusieurs espèces de cette famille on a trouvé des individus n'ayant que des ovaires, sans glandes spermagènes ; d'autres individus n'ont que ces dernières glandes.

Mais il y en a aussi chez lesquelles les deux organes sexuels sont réunis. Dans l'*Océanie Bonet* de Péron et Lesueur, nous avons observé huit capsules, rapprochées par paires, dont l'une, dans chaque paire, renfermait des ovules, et l'autre des spermatozoïdes.

Suivant les curieuses observations de MM. Siebold, Sars, Lowen et Dujardin, un certain nombre de Méduses, qui, dans un premier état, ont la forme et l'organisation des Polypes et se multiplient par bourgeons, acquièrent des organes de génération sexuels après leur dernière métamorphose, et se propagent, dans ce dernier état, par germe libre ou par œuf.

Au changement de forme près, nous avons indiqué une génération analogue chez les Naïdes, qui se multiplient en se divisant et en produisant ainsi plusieurs générations successives, avant que les individus provenant de cette Propagation la plus simple, développent dans leur organisme les instruments nécessaires pour la génération sexuelle.

La famille des *Béroës* est hermaphrodite. Leurs organes sexuels sont rapprochés de même par paires le long des deux faces, de chaque côté.

Notre classe des *Exophyes*, qui répond en partie aux Acalèphes hydrostatiques du *Règne animal*, paraît être de même complétement hermaphrodite. Déjà dans les *Stéphanomies*, ces singuliers animaux que MM. Péron et Lesueur ont fait connaître, et qui ressemblent à une guirlande de fleurs, il y aurait parmi leurs appendices moteurs, urticants, alimentaires, des appendices, organes générateurs des deux sexes, dont les uns contiennent des ovules, et les autres des spermatozoïdes (1).

La classe des *Polypes*, la troisième du type des Zoophytes, nous fournira des exemples de tous les modes de Propagation. Pour être plus clair et plus précis, nous l'étudierons

(1) Mémoire de M. Milne Edwards, *Annales des sc. natur.*, 2ᵉ sér., t. XVI, pl. X, fig. 4, 8, 9, et pl. IX, fig. 1 et 2, 3 et 9.

successivement dans les trois Ordres dans lesquels nous la divisons. Les *Polypes cellulaires*, *Ascidiens* ou *Polypes à manteau*, peuvent se multiplier par œuf et par bourgeons.

On a reconnu des ovaires et des glandes spermagènes renfermés, ces dernières avec un grand nombre de spermatozoïdes, dans des cellules distinctes (1) femelles et mâles.

Ici, les sexes sont séparés, mais rapprochés de manière que les spermatozoïdes puissent sortir par une ouverture de la cellule mâle, et pénétrer par une ouverture correspondante de la cellule femelle, pour y féconder les œufs, en ayant l'eau pour véhicule.

Dans d'autres cas (les genres *Cellaire*, *Laguncula*, etc.), les organes producteurs des ovules et de la semence sont dans le même individu, c'est-à-dire dans la même cellule, dans laquelle flotte le canal alimentaire.

Dans ce dernier genre, dont le nom signifie petite bouteille, chaque individu, attaché à une tige commune, a son enveloppe protectrice transparente comme du verre, qui permet, entre autres, d'observer les différents degrés de développement des ovules, la composition de ceux-ci, l'instant où les spermatozoïdes se répandent dans la cavité commune pour y féconder les ovules.

Les *Polypes tubulaires*, ou du second ordre de notre méthode de classification, peuvent se reproduire par œufs ou par bourgeons. Ceux-ci, chez les uns, restent toujours adhérents, lorsque le Polypier est fixé, ou ne se détachent du parent, lorsque celui-ci jouit de la locomotilité, qu'à l'époque du complet développement du petit Polype; c'est ce qui a lieu chez les Hydres.

D'autres bourgeons, analogues aux bulbilles des plantes, se produisent de même à la surface de certains Polypes (2), dans une place déterminée; mais ils s'en détachent bien avant leur complet développement, qui leur donne la forme de leurs parents. Ce sont des germes libres, qui se distinguent des œufs en ce qu'ils ne sont pas le produit d'une fécondation, c'est-à-dire de l'action réciproque des deux éléments du germe, et que leur composition essentielle est différente.

Chez ces animaux agrégés, à individua-

lités multiples, qui végètent comme les plantes, on observe que certains bourgeons produisent des Polypes qui ne servent qu'à l'alimentation de l'ensemble; que d'autres se développent pour servir à la Propagation de l'espèce par germe libre ou par œuf. Ceux-ci renferment un ovaire qui produit des œufs, avec la vésicule de Purkinje et la tache germinative. Ces organes de fructification sont caducs comme ceux des plantes. Mais les uns se détachent avant que les œufs en soient sortis et forment, chez nos *Polypes médusions*, l'état parfait de certaines espèces de Méduses (1). Chez d'autres, les *Campanulaires*, les germes éclosent dans la capsule du Polype générateur, et en sortent à l'état de larve (2).

Les glandes spermagènes, ou tout au moins leur produit, les spermatozoïdes, ont été reconnues dans plusieurs Polypes de cet ordre (3), soit dans les mêmes individus qui produisent des ovules (les *Hydres*), soit dans des individus différents (plusieurs espèces de la famille des *Sertulaires*.)

Les *Polypes actinoïdes* peuvent avoir les sexes séparés sur des individus différents; telles sont certaines espèces d'*Actinies*, d'après les dernières observations (4). Ceux qui sont fixés avec une forme arborescente ont, dans la même agrégation, des individus mâles et des individus femelles, caractérisés par les organes sécréteurs des ovules ou des spermatozoïdes.

Chez les *l'érétiles*, dont les nombreux Polypes tiennent à une tige commune, simple et non ramifiée, chaque Polype a dans sa cavité abdominale plusieurs ovaires, au-dessus desquels correspondent un même nombre de glandes spermagènes.

En général, que ces organes mâles et femelles soient séparés, ou réunis dans le même individu, ils sont toujours placés dans des lames qui font saillie dans la ca-

---

(1) M. Nordmann, *Comptes-Rendus de l'Académie des sciences*, t. VIII, p. 357, sur le *Tendon zostericola*.

(2) Dans la Synhydre observée par M. de Quatrefages. *Annales des sc. nat.*, 2ᵉ série, t. XVIII, pl. 8 et 9.

(1) Ces observations sur les métamorphoses de certaines espèces de Méduses, qui ont, en sortant de l'œuf, la forme d'un animalcule infusoire, qui prennent ensuite celle d'un Polype, et, en dernier lieu, tous les caractères des Méduses montrent que ces Polypes transitoires appartiennent à la classe des Acalèphes, et à cette dernière famille.

(2) *Annales des sc. natur.*, 2ᵉ série, t. XV, p. 117 et suiv., et pl. VIII, fig. 1-18 du Mémoire de M. J.-L. Loween, sur la *Campanularia geniculata* Lam, que nous avons traduit pour les *Annales*.

(3) M. Krohn, *Archives de J. Müller* pour 1841, p. 173.

(4) De M. Frull, *Archives de J. Müller* pour 1842.

vité abdominale, ou attachés à des filaments suspendus et flottants dans cette cavité, laquelle est en communication, par la bouche et l'estomac, avec le fluide ambiant respirable.

Remarquons que cette communication s'effectue, chez les *Polypes cellulaires*, par une ouverture de la cellule, qui laisse passer le fluide respirable dans la cavité viscérale; et que, chez les *Polypes tubulaires*, c'est toujours à la surface du corps, où l'influence du fluide respirable est immédiate, que se développent, comme des fleurs, les Polypes générateurs ou les organes de la génération (chez les *Hydres*).

Ces différences dans la position des organes sexuels et leur mode de communication avec le fluide respirable, qui en est la conséquence, suffiraient pour caractériser ces trois Ordres, dans lesquels nous divisons la classe des Polypes, et pour montrer combien ils sont naturels.

La classe des *Protopolypes*, qui comprend les *Éponges* et les *Téthyes*, ne me paraît plus se propager par génération sexuelle. Les germes libres, dont les cavités innombrables d'une Éponge se remplissent, à certaines époques de l'année, sont de véritables bulbilles et non des œufs. Ils se détachent de la paroi qui les a produits et sortent des cellules de l'Éponge avec des cils vibratiles, qui leur donnent, pendant quelque temps, la faculté locomotrice.

Ces bulbilles ressemblent en cela aux organes reproducteurs de certaines Algues et des Conferves.

Les *Éponges* à forme ramifiée se propagent encore par bourgeons.

Enfin, on a observé dans les *Spongilles*, le mode de propagation par scissure. Celles-ci, comme les Éponges, ne nous paraissent produire que des bulbilles et non de véritables œufs (1).

Comment se propagent les innombrables espèces parasites de la classe des *Helminthes*, dont les animaux les plus parfaits, comme les plus dégradés, nourrissent plusieurs espèces? Comment pénètrent-ils dans leurs organes les mieux protégés (le cerveau, le foie des moutons, les muscles du cochon); aussi bien que dans ceux qui communiquent

(1) Voir le Mémoire de M. Laurent, dans les *Comptes-Rendus de l'Académie des sciences*, t. VII, 1839.

T. X.

facilement au dehors (l'estomac, le canal intestinal, les branchies)?

Ces questions sont extrêmement importantes pour la solution de la prétendue génération spontanée, ou de la génération dite hétérogyne, que l'on a cru pouvoir soutenir, par suite d'observations incomplètes, inexactes ou mal interprétées.

Nous divisons les *Helminthes*, qui ne sont pas tous des animaux parasites, en trois sous-classes. La première, celle des *Cavitaires*, qui comprend, entr'autres, les *Ascarides*, a les sexes séparés : les individus sont mâles ou femelles, et sont même pourvus d'organes de copulation pour produire la fécondation intérieure des ovules de la femelle, avec les spermatozoïdes du mâle.

L'hermaphroditisme, ou la réunion des deux sortes d'organes sexuels dans le même individu, est, au contraire, le caractère général de la seconde sous-classe, celle des *Parenchymateux*.

Nous ne connaissons pas d'autre mode de propagation, dans les deux sous-classes précédentes, que la génération sexuelle, dont les organes sont aussi bien connus que ceux des animaux supérieurs. On ne pourrait donc trouver d'arguments, pour leurs innombrables espèces, en faveur de la génération spontanée, dite encore équivoque et hétérogyne.

Notre troisième sous-classe, celle des *Helminthophytes*, comprend la famille des *Tænioïdes*, qui est encore dans le même cas.

Chaque anneau, dont se compose le corps d'un de ces animaux, a les organes des deux sexes, produisant des ovules et des spermatozoïdes. Les caractères de forme et de composition des uns et des autres ont été reconnus et décrits avec soin, dans un certain nombre d'espèces. On peut en conclure que cette organisation et ce mode de propagation existent généralement dans cette famille.

La plus inférieure de cette sous-classe, la famille des *Hydatides*, est la seule qui paraisse privée d'organes sexuels. Elle se propage par bourgeons intérieurs (les *Échinocoques*) ou extérieurs (les *Cœnures*).

Se multiplient-ils encore par des bulbilles ou des germes libres, ayant une enveloppe protectrice, qui les protégerait momentanément contre les agents physiques ? Cela est probable.

62

La classe des *Rotifères* se propage par génération sexuelle, dont les organes sont réunis dans le même individu.

M. Ehrenberg a eu la gloire de démontrer que, chez ces petits êtres, visibles seulement à l'œil armé du microscope, l'organisation est aussi parfaite, aussi compliquée que celle d'animaux beaucoup plus grands; et qu'on aurait tort de conclure de la petitesse du volume, à la simplicité de l'organisation.

La classe des *Animalcules homogènes*, que le même savant désigne sous le nom de *Polygastres*, parce qu'il leur a découvert non seulement un sac ou un canal alimentaire dont l'existence est incontestable, mais encore des poches nombreuses annexées à ce sac ou à ce canal, ce qui ne me paraît pas aussi évident; cette classe, dis-je, comprend les animaux dont l'organisation est la plus simple, parmi ceux, du moins, qui jouissent de la locomotilité. Le corps de ces animalcules se remplit de corpuscules arrondis, de forme régulière, que M. Ehrenberg considère comme des œufs. Ce savant détermine, comme organe mâle, un noyau central, organe problématique, qui paraît jouer un rôle important chez ces animaux, par la constance de sa présence.

Mais ces déterminations sont contestables, attendu qu'on n'a pu y démontrer l'existence des Spermatozoïdes et la composition caractéristique des ovules.

Ces globules qui remplissent leur corps me paraissent être des bulbilles, comparables à ceux dont le corps de la Truffe se remplit.

Les *Animalcules homogènes* se multiplient par scissure, en se divisant suivant leur longueur, ou en travers, selon les espèces.

Concluons-en que, dans cette classe, comme chez les Protopolypes, comme chez les *Vers vésiculaires* ou les *Hydatides*, la génération sexuelle a disparu pour laisser aux modes de *Propagation fissipare* ou *gemmipare* toute leur puissance.

Concluons-en, en dernier lieu, que dans aucun cas on n'est en droit de supposer qu'un être organisé quelconque s'est formé par la seule influence des agents physiques, ou par celle de l'être organisé dans lequel il est parasite. Cette dernière hypothèse, cette génération dite hétérogyne, pas plus que la génération spontanée, qui créerait, par les forces générales aveugles de la nature, une individualité toujours admirablement organisée, pour vivre et se développer par ses propres forces, ne sont pas admissibles dans l'état actuel de nos connaissances.

Elles sont aussi contraires aux lois de la simple logique, qu'aux faits les plus positifs, les plus avérés de la science.

Ces faits, pour ce qui est des animaux, démontrent que toutes les individualités, que toutes les espèces de ce règne, à quelque classe qu'elles appartiennent, quelle que soit d'ailleurs leur organisation simple ou composée, supposent l'existence d'un ou de plusieurs parents qui les ont produites, soit en se divisant, soit par bourgeonnement, soit par œuf.

Il résulte, d'ailleurs, de l'exposé que nous venons de faire des différents modes de Propagation, suivant les Classes et les Types du règne animal, que sous ce rapport on pourrait les caractériser d'une manière succincte, ainsi que nous essaierons de le faire dans un tableau annexé à la fin de cet article.

Ces différences montrent déjà que les divers modes de Propagation contribuent à perpétuer certains plans d'organisation appartenant aux types, aux classes et aux premières divisions de celles-ci.

Si nous prenons ensuite les divers modes de génération sexuelle, et les instruments simples ou compliqués qui y contribuent; si nous pouvions entrer dans tous les détails des différences que présentent ces divers instruments, nous montrerions que l'espèce elle-même et ses caractères indélébiles, peuvent avoir leur source première dans ces différences, qui contribuent, du moins, à la constituer et à la perpétuer sans altération profonde.

CHAPITRE II.

Description générale des principaux organes de la génération sexuelle et de leur produit.

Ce que nous venons de dire du mode de la génération sexuelle en particulier, a pu donner une idée générale de ses principaux instruments. Le présent chapitre doit servir à compléter cette idée générale, autant que le permettront les limites de cet article.

Les organes qui caractérisent essentiellement la génération sexuelle, l'ovaire ou la glande ovigène, le testicule ou la glande spermagène, existent nécessairement dans tous les animaux qui jouissent de cette faculté, et nous venons de voir qu'il y en a bien peu qui n'en soient pas doués.

La glande ovigène produit l'élément femelle du germe ou l'ovule; la glande spermagène produit l'élément mâle de ce même germe ou le sperme, et plus particulièrement les spermatozoïdes ou les machines animées qui en forment la partie essentielle.

Étudions à présent les caractères généraux, et les principales différences de l'un et l'autre de ces organes et de leur produit, dans tous les animaux où ils ont été observés.

§ 3. *De la glande ovigène, ou de l'ovaire.*

L'ovaire, ou la glande qui produit les ovules, ou les œufs, est toujours situé dans la cavité abdominale ou viscérale, lorsque cette cavité existe. Chez quelques *Mollusques acéphales*, la Moule comestible, il s'étend, en se développant, entre les replis du manteau. Dans les *Hydres*, il est entre la peau et la cavité alimentaire. Les autres *Polypes tubuleux*, à téguments cornés, l'ont externe, par exception, dans une capsule dont l'ouverture, bordée de tentacules, forme un Polype générateur.

Chaque ovule est produit dans une poche ou capsule membraneuse particulière, qui le recouvre immédiatement de toutes parts, ou qui est en partie remplie d'un liquide dans lequel baigne, pour ainsi dire, l'ovule. Le dernier cas est celui des Mammifères; le premier celui des Oiseaux.

Chez les *Mammifères*, on appelle vésicules de Graaf, les capsules membraneuses de l'ovaire qui renferment les ovules, du nom d'un célèbre anatomiste hollandais, qui a le premier comparé ces vésicules aux œufs des Ovipares. C'étaient bien les œufs tels qu'on les trouve dans l'ovaire de la Poule, encore renfermés dans leur capsule productrice. Un certain nombre de ces capsules, de différentes grandeurs, suivant le degré de développement des ovules qu'elles renferment, ne tenant ensemble que par un pédicule, par les vaisseaux qui vont de l'un à l'autre et par les replis très déliés du péritoine qui

les recouvre, forment l'ovaire de la Poule ou d'un Oiseau en général, ou les deux ovaires d'un Reptile; c'est dans ce cas un ovaire en grappe.

Chez les *Amphibies*, chaque ovaire est un long sac ou boyau, dans lequel chacun des nombreux ovules a sa poche génératrice formée par la membrane proligère, qui est l'interne des parois de ce sac, tandis que l'externe est fournie par le péritoine, et plus immédiatement par le mésoaire qui fixe l'ovaire aux parois abdominales.

Chez les *Poissons osseux*, les ovaires sont généralement en forme de sac. Ils se remplissent de milliers d'œufs qui sortent, à l'époque de la ponte, par un orifice commun, situé derrière l'anus. La cavité centrale de l'ovaire et le collet fort court de ce sac, qui aboutit au dehors, est une sorte d'oviducte.

Ces ovaires en sac, ayant un orifice au dehors, se composent de la membrane proligère, qui est la moyenne, d'une membrane muqueuse qui la revêt en dedans, et d'une membrane péritonéale qui la recouvre. Dans quelques cas rares (les Truites, les Anguilles parmi les Poissons osseux, les Lamproies parmi les Cartilagineux), l'ovaire n'a pas d'issue au dehors; l'œuf tombe dans la cavité abdominale, qui a elle-même une issue au dehors, un conduit péritonéal. Les parois de ces sortes d'ovaires, qui ont la forme d'un long ruban plissé en manchette, n'ont que deux membranes, l'interne ou proligère, l'externe ou péritonéale. Quelques Poissons cartilagineux, tels que les *Sélaciens*, ont des ovaires en grappes, comme ceux des Reptiles ou celui des Oiseaux.

Chez les *Mammifères inférieurs*, c'est-à-dire les *Monotrèmes*, qui lient cette classe à celles des Oiseaux et mieux encore à celle des Reptiles, il n'y a qu'un ovaire de complétement développé; l'autre l'est beaucoup moins, et ces ovaires sont encore en grappe.

Nous avions remarqué depuis longtemps [1] que, chez les *Sarigues* et chez quelques Mammifères monodelphes, les vésicules de Graaf sont assez distinctes pour donner cette apparence d'ovaires en grappes. Cependant les ovaires des *Mammifères*, et plus particulièrement ceux des *Monodelphes*, ont en général leurs vésicules de Graaf

[1] Dans notre rédaction des *Leçons d'anatomie comparée*, qui date de 1805.

comme enfouies dans une substance fibro-celluleuse. Leur ensemble forme un corps ovale ou sphérique, à surface plus ou moins bosselée par celles des vésicules de Graaf qui sont parvenues à maturité, et en même temps à la surface de ces organes.

Le nombre des ovaires est généralement pair chez les animaux symétriques. Les Oiseaux seuls, parmi les Vertébrés, n'en ont qu'un qui se développe, mais leur fœtus en a deux.

Quelques Poissons osseux, qui sont vivipares, n'en ont qu'un seul.

Les *Animaux articulés, à pieds articulés,* en ont deux. Beaucoup d'*Annélides* les ont multiples; d'autres n'en ont qu'un (les Sangsues), ainsi que les *Cirrhopodes.*

Ceux des *Mollusques acéphales* testacés sont symétriques, tandis qu'il n'y en a qu'un dans les autres classes de ce type.

Dans celui des *Zoophytes,* ou des animaux rayonnés, les ovaires peuvent participer, par leur multiplicité, aux divisions du corps en rayons ou en arbre, correspondre aux articulations du corps (les Tænioïdes parmi les *Holminthophytes*); ou bien être limités à un seul (les Polypes ascidiens).

La forme générale de l'ovaire varie depuis celle en grappe, en sac allongé, en ruban, en boyau, jusqu'à celle en rayons coniques plus ou moins nombreux, aboutissant à un canal commun, qui caractérise l'ovaire des *Insectes.*

La différence la plus importante peut-être, pour chacune de ces glandes, c'est que les unes ont un canal excréteur qui se continue avec leur cavité intérieure simple ou multiple, et porte au dehors leur produit. Ces ovaires, en un mot, ont un oviducte continu. Ce sont ceux en sac de la plupart des *Poissons osseux.*

D'autres, comme les *Raies* et les *Squales,* et les Vertébrés des autres classes, ont leur ovaire séparé de l'oviducte, qui commence dans la cavité abdominale par une embouchure en entonnoir, pour recevoir les ovules mûrs sortis par déhiscence de leur capsule proligère.

Cet oviducte manque, ainsi que nous l'avons dit, chez les *Anguilles;* dans la famille des *Saumons,* qui comprend les *Truites;* dans les *Lamproies.* Les œufs sortent complets, chez ces animaux, de leur capsule

proligère, tombent dans l'abdomen et sont conduits, à travers les deux canaux péritonéaux, dans l'orifice commun des urines et des produits de la génération.

En résumé, l'ovaire, quelles que soient sa forme et sa structure accessoire, se compose essentiellement d'une membrane plus ou moins déliée, qui produit les ovules dans autant de prolongements, en forme de capsules, qu'il y a d'ovules. Cette membrane, proligère, dans les pontes régulières et si nombreuses de certains Poissons, montre à la fois les innombrables œufs de la ponte la plus prochaine et ceux encore peu développés de la ponte qui la suivra immédiatement.

Chacun de ces ovules mûrs se fera une issue à travers la capsule qui le retient captif, en la déchirant. Il en résulte qu'après la ponte de tant de milliers d'œufs, il y a autant de déchirures dans cette membrane. Cela n'empêche pas que toutes ces blessures ne se cicatrisent, et que les ovules de la ponte suivante ne se développent régulièrement pour la ponte prochaine. Quelle puissance vitale ces admirables résultats ne supposent-ils pas dans cette simple membrane!

Nous les admirerons encore davantage lorsque nous aurons étudié ses produits.

§ 4. *Du produit de la glande ovigène, c'est-à-dire des ovules et des œufs.*

L'ovule ou l'élément femelle du germe se développe dans une capsule ou dans une poche de la glande ovigène ou l'ovaire.

Cet ovule a dans tous les animaux la forme sphérique et la même composition générale apparente. On y distingue la sphère principale ou vitelline, composée de la substance vitelline et de la membrane du même nom qui la recouvre. En dedans de cette sphère s'en trouve une autre plus petite, transparente, qui en occupe le centre durant les premiers temps du développement de l'ovule qui devient tangent à sa circonférence, lorsque cet ovule est mûr; c'est la vésicule germinative qui doit contenir les premiers éléments du germe. Enfin on observe une tache plus opaque dans cette dernière vésicule, formée d'une ou de plusieurs petites cellules contenant des matériaux plus denses, d'où lui vient cette opacité qui la distingue; c'est la tache dite *germinative.*

. Telle est la composition caractéristique apparente de tout ovule, quel que soit l'animal auquel il appartient, depuis l'espèce la plus élevée par son organisation, jusqu'au Polype ou à l'animalcule Rotifère.

De chacun de ces ovules cependant, dont la composition générale est si uniforme, proviendra, après la fécondation, un individu qui aura l'organisation, la forme, les dimensions et tout l'ensemble des caractères de l'espèce à laquelle appartiennent le parent ou les parents de cet ovule et de l'élément mâle qui l'a fécondé.

Mais cet ovule n'est pas un œuf complet. C'est ici que commencent les différences nombreuses, non plus seulement virtuelles mais sensibles, qu'il présente pour prendre une composition plus complexe; ainsi que la forme, la couleur et le volume qui le distinguent, pour ainsi dire dans chaque espèce.

En général il se revêt, dans le canal qui doit le transmettre au dehors, plus rarement dans l'ovaire (1), d'une couche de substance albumineuse, à peine sensible chez les uns, abondante chez les autres, dans l'œuf des Oiseaux pour ce dernier cas.

Cette couche d'albumen est enveloppée d'une membrane particulière, la membrane de la coque. Vient enfin cette dernière enveloppe protectrice qui n'existe proprement que chez les vrais Ovipares ou les Ovovivipares, qui manque chez les vrais Vivipares, et dont la nature varie suivant le milieu (l'air ou l'eau) et le lieu où l'œuf doit être déposé, et selon qu'il a été fécondé avant la ponte ou qu'il le sera un moment après la ponte.

On pourra voir, dans notre article OVOLO-GIE, les rapports remarquables, chez les Vertébrés, entre la composition de l'œuf avec le mode et le lieu d'incubation, et celui de la fécondation (t. IX, p. 290 et suiv.). Celle-ci ne s'effectue jamais dans l'air. Tout animal qui y dépose ses œufs, les pond déjà fécondés avec une enveloppe protectrice, qui s'opposerait à cette fécondation. Au contraire, la plupart des animaux qui pondent leurs œufs dans l'eau, le font avant leur fécondation ; ils sont, dans ce cas, recouverts d'une enveloppe dont la composition favorise au moment même l'action fécondante du sperme.

(1) Les Saumons, l'Anguille, la Lamproie.

§ 5. De la glande spermagène.

La glande spermagène est celle qui produit le sperme à l'âge de Propagation et aux époques du rut.

Cette glande caractéristique du sexe mâle, peut coexister avec la glande ovigène dans le même individu qu'elle rend alors hermaphrodite, ou bien elle est séparée de l'ovule dans une individualité distincte à laquelle elle donne le caractère du mâle.

La glande spermagène est double chez tous les Vertébrés. Les Animaux articulés, à pieds articulés, l'ont de même paire. La classe des Annélides l'a simple ou multiple. Elle est unique dans celle des Cirrhopodes. Les Acéphales testacés, parmi les Mollusques, l'ont double comme l'ovaire, ou du moins divisée en deux lobes symétriques, tandis qu'elle est simple dans toutes les autres classes de ce type. Chez les Zoophytes, elle varie en nombre comme l'ovaire.

Sa position n'est jamais extérieure, et seulement recouverte par des téguments très sensibles, que dans la classe des Mammifères et chez ceux en particulier qui ne séjournent pas dans l'eau.

La glande ovigène, pour l'immense majorité des animaux qui en sont pourvus, est renfermée dans la cavité abdominale ou viscérale, le plus souvent dans sa partie la plus reculée, plus rarement dans sa partie avancée (chez quelques Mollusques Gastéropodes).

Sa structure chez les animaux les plus parfaits se compose d'une quantité innombrable de canaux spermagènes ou sécréteurs du sperme, qui forment les dernières ramifications ou les ramuscules très repliés d'un arbre, dont les rameaux se réunissent à un certain nombre de branches, qui sont les vaisseaux séminifères. Ces branches s'anastomosent entre elles pour former un réseau. Il sort de ce réseau un certain nombre de canaux séminifères efférents, qui, en s'allongeant, en devenant de nouveau plus déliés, et en se repliant mille fois sur eux-mêmes, forment des paquets distincts, qu'on appelle les cônes du testicule. Cet ensemble de canaux très fins et très repliés, se continue dans un seul faisceau de forme générale allongée, cylindrique, qui se compose d'un seul canal formant plusieurs séries de replis très nombreux ; ces séries multiples finissent par se réduire à une seule dont le canal a un diamètre de plus en plus considérable et de moins en moins replié ; il devient enfin le canal excréteur des produits de la glande, le canal déférent.

Une membrane assez ferme, résistante, enveloppe cette masse de canaux sécréteurs, entremêlés de vaisseaux sanguins et lymphatiques et animés par des filets nerveux qui leur donnent leur activité fonctionnelle.

Cette enveloppe protectrice d'un organe extrêmement compliqué, se compose de deux lames, dont l'interne produit un repli principal, le corps d'Highmor, et beaucoup de prolongements très déliés, qui servent à séparer les lobes ou les paquets de canaux spermagènes qui composent l'ensemble de la glande.

Monro et Al. Lauth ont cherché à donner une idée de leur nombre et de leur longueur. Ce dernier a mesuré en outre le diamètre de ces canaux sécréteurs, celui des canaux efférents, et du canal de l'épididyme.

Le diamètre des canaux spermagènes ou séminifères varie, dans le testicule humain, de 1/110 de pouce à 1/160. Le nombre moyen de ces canaux est de 840, et la longueur moyenne de tous ces canaux réunis serait de 1750 pieds (1). Cette composition, compliquée de canaux sécréteurs très repliés, se voit dans les trois classes supérieures des vertébrés, les Mammifères, les Oiseaux et les Reptiles ; mais elle disparaît dans les Amphibies et les Poissons.

On ne les retrouve, dans ces deux classes, que dans l'épididyme que nous avons découvert chez les *Salamandres* et qui les distingue des Batraciens anoures, et dans celui des *Sélaciens*.

Au lieu de ces canaux spermagènes des classes supérieures, chaque testicule se compose de cloisons membraneuses, produites par la lame interne de l'albuginée, interceptant de petites loges, dans chacune desquelles se trouve une vésicule que nous appelons primaire, dans laquelle sont con-

(1) Voir à ce sujet le beau Mémoire sur le *Testicule humain*, par E. A. Lauth, inséré parmi les *Mémoires de la société d'histoire naturelle de Strasbourg*, tome I; Paris et Strasbourg, 1830.

tenues plusieurs vésicules secondaires ou génératrices des Spermatozoïdes.

Cette composition cellulaire ou vésiculaire, que nous avons fait connaître dans les *Salamandres* (1) et les *Tritons*, se retrouve la même, pour l'essentiel, dans les *Batraciens anoures*, et, parmi les Poissons cartilagineux, chez les *Sélaciens*.

Chez les *Poissons osseux* la composition des glandes spermagènes correspond à celle des glandes ovigènes. Chez ceux qui n'ont pas de canal excréteur (les anguilles), les granulations produites par les vésicules spermagènes, ressemblent beaucoup aux renflements que forment les ovules dans leur capsule.

Lorsque la glande spermagène est un sac à cavité centrale, avec un court canal excréteur, cette cavité centrale est l'aboutissant de canaux séminifères très courts, se divisant vers la circonférence de la glande en petits canaux qui répondent aux vésicules des testicules celluleux. Ces petits canaux renferment les vésicules ou les capsules secondaires ou spermagènes proprement dites.

Il nous serait impossible de décrire, dans les limites de cet article, toutes les différences de forme et de composition que présente, dans tout le règne animal, l'organisation de cette glande. La partie essentielle de son produit, les Spermatozoïdes, agents de la fécondation, sont toujours formés, c'est notre opinion, dans une capsule génératrice. Cette capsule est renfermée dans une poche plus considérable où s'abouchent les canaux séminifères (les Raies, les Batraciens anoures) ; ou bien elle est contenue dans une poche en forme de cœcum qui aboutit à un court canal, qui verse ce produit dans le réservoir de la glande (2), d'où il passe dans son canal excréteur (la plupart des Poissons osseux) ; ou bien, enfin, ce premier canal renfermant les capsules génératrices des Spermatozoïdes est long et très replié, et

(1) Voir notre Mémoire dans les *Comptes-Rendus de l'Académie des sciences*, pour 1844, et dans le Recueil des savants étrangers de cette Académie.

(2) On pourra prendre une idée des variétés de formes que présentent dans les Insectes ces poches qui correspondent aux canaux dits séminifères ou spermagènes des animaux supérieurs, ou aux capsules que nous appelons primaires dans les Salamandres et les Tritons, dans les Mémoires de M. Léon Dufour sur l'organisation de cette classe. Ces Mémoires ont paru parmi ceux des savants étrangers de l'Académie des sciences, en 1833 et 1841.

montre la complication que nous avons décrite.

§ 6. *Du produit de la glande spermagène ou du sperme et des Spermatozoïdes.*

Le sperme des animaux se compose essentiellement de Spermatozoïdes ou de petites machines microscopiques susceptibles de mouvements, durant un temps variable selon les espèces, et dans certains véhicules ou liquides animaux déterminés. Ces machines, qui n'existent dans le sperme qu'aux époques du rut, s'y développent en quantités innombrables à chaque nouvelle période du rut, dans des capsules génératrices que nous avons décrites dans le précédent paragraphe.

Leur plus grande dimension ou leur longueur n'est le plus souvent que de quelques centièmes de millimètre, et leurs dimensions ne sont pas proportionnées, pas plus que celles des globules du sang, aux dimensions de l'animal auquel ils appartiennent. On y distingue généralement une partie plus épaisse, qu'on appelle le corps, et une partie plus longue, filiforme, d'une extrême ténuité, qu'on désigne sous le nom de queue ou d'appendice caudal. Le corps peut être lenticulaire, ovale, en palette, en forme de hache, cylindrique et en tire-bouchon ou en navette. L'appendice caudal varie beaucoup dans sa longueur suivant les espèces.

Il est entouré, dans la famille des *Salamandres*, par un fil encore plus délié, plié en tire-bouchon, que nous comparons à un grand cil vibratile, qui serait susceptible de vibrations, comme la corde d'un instrument. Nous persistons dans cette manière de voir, qui est, en partie, celle de MM. de Siébold et Dujardin, contre l'opinion de MM. Amici, Pouchet et Panizza, qui veulent que ce fil soit une crête attachée au côté dorsal du Spermatozoïde. Ce caractère tout particulier des Spermatozoïdes de toutes les espèces de cette famille, qui varie d'ailleurs d'une espèce à l'autre pour les proportions de ses parties, est un exemple frappant des différences qui existent dans les instruments les plus déliés de l'organisation, pour la conservation des espèces.

Il est bien remarquable que certaines formes générales de ces machines caractérisent les classes et même les groupes inférieurs, ceux des familles, quelquefois même ceux des genres et par-ci par-là les espèces.

Rien de plus admirable que toutes les précautions qui ont été prises pour les transporter à la rencontre des ovules. Ces machines jouissent de plus ou de moins d'irritabilité, qui leur donne la faculté de se fléchir en différents sens dans toute leur longueur, ou seulement dans leur partie caudale.

Leur vitalité subsiste encore quelque temps après la mort de l'animal, comme celle des cils vibratiles. Nous avons vu ceux d'un *Triton* se ranimer dans l'eau et se mouvoir près de quatre fois 24 heures après la mort de l'animal, et nous avons arrêté sur le champ leurs mouvements en ajoutant une goutte de morphine à la goutte d'eau qui les renfermait.

La classe des *Mollusques Céphalopodes* les a réunis dans un certain nombre d'étuis très compliqués, placés dans un réservoir commun pour le moment du rapprochement des sexes.

Chacun de ces étuis, qui renferme des milliers de Spermatozoïdes, a une composition telle, qu'au moment où il est porté par le mâle dans l'entonnoir de la femelle, où se trouve l'issue de ses œufs, l'eau qu'il y rencontre le fait éclater et met ainsi à nu les Spermatozoïdes, pour opérer la fécondation des œufs.

Un animal presque microscopique, le *Cyclops castor*, de la classe des *Crustacés*, a ses Spermatozoïdes enfermés dans un flacon, que le mâle agglutine au bord de l'issue des œufs de sa femelle; ce flacon éclate de même par l'action de l'eau, afin que les Spermatozoïdes qu'il renferme puissent aller joindre les ovules de la femelle et les féconder.

Les Spermatozoïdes sont la seule partie essentielle du sperme; c'est par leur intermédiaire que le mâle transmet au germe toutes ses ressemblances, qui se manifestent successivement dans les produits développés de la génération sexuelle aux divers âges de la vie; ce sont, en un mot, les ovules du mâle.

Les capsules génératrices des Spermatozoïdes ne produisent que ces machines animées. Le liquide albumineux et gélatineux qui leur sert de véhicule est sécrété par les parois des capacités en forme de canaux, ou de capsules de différentes formes, dans lesquelles ces Spermatozoïdes arrivent, après avoir rompu leur capsule génératrice.

§ 7. Des organes accessoires de la génération sexuelle.

Pour que cette génération ait lieu, il faut qu'un ovule mûr soit mis en contact avec un ou plusieurs Spermatozoïdes. C'est dès cet instant seulement, et à cette condition unique, que le germe peut se manifester dans l'ovule ou dans l'œuf.

Lorsque cette union des deux éléments du genre doit avoir lieu dans le corps de la femelle, si les sexes sont séparés, ils se rapprochent et ils sont pourvus de moyens ou d'organes singulièrement variés selon les espèces, pour faire passer cet élément mâle ou germe dans les organes de la femelle où se trouvent les ovules ou les œufs parvenus à maturité.

Cette rencontre des deux éléments du germe peut avoir lieu dans l'ovaire, et leur action peut se transmettre à travers la membrane prolifique de l'ovule, comme nous l'avons démontré pour les *Pœcilies*, petits poissons des eaux douces de l'Amérique méridionale, dont chaque fœtus se développe dans la même poche génératrice qui a produit l'ovule.

Cette réunion, chez les Mammifères, peut aussi s'effectuer dans l'ovaire ; mais elle paraît s'effectuer le plus souvent dans l'oviducte propre, ou trompe de Fallope.

Les mâles chez les *Mammifères*, et par une singulière exception, parmi les *Amphibies*, dans la famille des *Salamandres*, ont des glandes particulières, les prostates, les glandes de Cowper, dont le produit liquide est destiné à modifier la composition de la semence.

Une ou plusieurs verges conductrices de cette semence, ou seulement excitatrices, distinguent ceux d'un grand nombre de Classes.

Les femelles ont des organes de copulation correspondants, ou des canaux qui les dirigent vers les ovules ou les œufs.

Nous ne faisons qu'indiquer de la manière la plus générale ces circonstances organiques, dont on pourra voir les détails aux articles de ce Dictionnaire consacrés à faire connaître l'organisation générale de ces classes (1).

(1) Nous renvoyons encore pour ces détails au tome VIII

Lorsque la fécondation s'effectue dans l'eau, la femelle y pond ses œufs, et le mâle y répand sa laite, sans avoir besoin d'organes accessoires pour la copulation. Les glandes ovigène et spermagène forment tout leur appareil générateur.

CHAPITRE III.
PARTIE HISTORIQUE.

Cette partie, dans laquelle nous réunirons quelques traits des principales découvertes de ce siècle sur les organes de la génération et la détermination de leurs fonctions respectives, servira à la fois de complément aux chapitres précédents et d'introduction pour ce que nous dirons encore de la génération sexuelle dans les chapitres suivants de cet article.

§ 8. Connaissance et détermination des organes relativement à leur emploi.

La première description comparée des organes de la génération, assez complète pour l'époque, a paru en 1805 (1).

Leur classification générale *en organes préparateurs mâle et femelle, en organes d'accouplement, et en organes éducateurs*, avait permis d'exposer, d'après leur usage ou leur but fonctionnel, tous les détails de structure organique, que nos observations directes nous mettaient à même de découvrir ou de reconnaître, pour rédiger, de toutes pièces, le chapitre important qui devait comprendre leur description générale.

Aussi trouve-t-on, dans cette description générale, la première connaissance ou la première appréciation d'un assez grand nombre de circonstances organiques inconnues jusqu'alors ou mal interprétées.

Je vais en énoncer quelques unes dans l'ordre que je viens d'indiquer. Ce sera le point de départ pour l'exposé des découvertes ultérieures.

§ 9. Les organes préparateurs femelles y sont désignés, même dans les Mammifères, sous le nom d'ovaires, ainsi que beaucoup de physiologistes en avaient pris l'habitude, depuis la belle découverte de Graaf (2), des

des *Leçons d'anatomie comparée* que nous avons publié en 1846, p. 1-630.

(1) *Leçons d'anatomie comparée* de G. Cuvier, rédigées par G.-L. Duvernoy, t. V; Paris, 1805.

(2) *Reineri de Graaf opera omnia*, Lugd., 1678; *De mulierum organis generationi inservientibus*, p. 85.

vésicules qui portent son nom, et que cet anatomiste regardait comme les œufs des Mammifères, sans doute avec autant de justesse que ceux qui désignent ainsi les œufs des Oiseaux encore fixés dans l'ovaire par leur enveloppe ovarienne, leur calice.

« Si la structure des ovaires (disais-je » dans ma rédaction de ce livre), considérée » simplement dans l'homme ou dans la plu- » part des Mammifères, peut laisser quel- » ques doutes sur leurs fonctions, cette » structure est tellement évidente dans les » autres classes, qu'il n'est plus possible » d'y méconnaître cette dernière.

» Dans toutes les classes qui suivent celle » des Mammifères, l'ovaire ou les ovaires » servent évidemment à l'accroissement des » œufs, qui s'y trouvent déjà tout formés » avant les approches du mâle. L'analogie » porte à croire que la même chose a lieu » dans les Mammifères, et c'est ici peut- » être un des plus beaux résultats de l'ana- » tomie et de la physiologie comparées. »

Les *vésicules de Graaf* sont indiquées, dans cette même rédaction, comme existant déjà chez les enfants de quelques années. On y trouve que leur nombre, leur disposition et leur volume sont très variables chez les femmes adultes; que les plus grosses de ces vésicules sont placées plus près de la surface de l'ovaire, qu'elles rendent bosselée; que ces vésicules renferment *probablement les germes*, et que chaque cicatrice qui s'observe à la surface de l'ovaire, chez ces mêmes femmes adultes, *est un indice de la sortie du germe*, au moment de la conception, *hors de la vésicule qui le contenait.*

On y lit encore : « que les *vésicules de* » *Graaf* forment, chez plusieurs Mammi- » fères, la plus grande partie de la masse » de l'ovaire, qui *ne semble, chez les Sari-* » *gues, entre autres, qu'une agglomération* » *de vésicules.* »

Cette apparence est encore plus prononcée dans l'ovaire développé de l'*Échidné* et de l'*Ornithorhynque*, ainsi qu'Everard Home, Meckel et moi nous l'avons démontré. Nous disons l'ovaire développé, parce qu'une autre analogie, plus singulière peut-être, entre les *Monotrèmes* et les *Oiseaux*, est l'état rudimentaire, ou du moins très inégalement développé dans lequel reste toujours, chez les premiers, l'un des deux ovai-

res. Everard Home doit l'avoir remarqué le premier pour l'*Échidné*. Mes propres observations l'ont confirmé, après celles de Meckel, pour l'Ornithorhynque.

On sait que, dans la classe des Oiseaux, il n'y a généralement qu'un seul ovaire visible, développé et fonctionnant. Cette asymétrie, si singulière dans le type des Vertébrés, est comme un arrêt de développement. On découvre, en effet, l'ovaire droit dans de très jeunes fœtus de Poulet; mais il ne tarde pas à rester plus petit que le gauche, et finit par ne plus laisser de traces de son existence, chez beaucoup d'Oiseaux; chez d'autres, il subsiste à l'état rudimentaire, suivant les observations de MM. Geoffroy Saint-Hilaire, Emmert, Hochstetter, R. Wagner et Van-der-Hœven.

Nous avons vu les organes préparateurs des œufs se simplifier singulièrement dans la grande majorité des *Poissons*, et y montrer cette circonstance particulière que les ovules y sont produits annuellement par milliers, de grandeur égale entre eux, et dans un même degré de développement, pour être pondus simultanément. On ne voit, dans ces merveilleux organes de création si puissante, qu'un sac membraneux à parois très minces, dont la cavité est divisée par des lames frangées ou des cloisons, entre lesquelles rampent des vaisseaux sanguins, et qui sont souvent tellement déliés qu'on serait tenté de les comparer à une toile d'araignée. C'est cependant dans des capsules qui ne sont qu'une extension de ces lames membraneuses proligères, souvent d'une extrême ténuité, qu'apparaissent et se développent ces milliers d'ovules.

Ainsi l'œil le plus exercé de l'anatomiste n'a découvert, dans la plupart des ovaires de la classe des Poissons, que de simples membranes, souvent d'une minceur extrême, recevant leur nourriture et leur animation de vaisseaux sanguins également très déliés et de quelques filets nerveux qui les accompagnent.

Telle est, comme nous le verrons toujours, en dernière analyse, la structure intime de tout organe de sécrétion. C'est un premier exemple de l'un des principaux avantages de l'anatomie comparée. La comparaison d'un même appareil d'organes ou d'un même organe, dans toute la série des animaux où il existe, nous fournit les moyens de faire une analyse naturelle de ses complications diverses, et nous conduit à l'observer dans les conditions d'existence à la fois les plus essentielles et les plus simples.

En poursuivant l'étude comparée des organes femelles ou des ovaires, que nous avons décrits dans le Chapitre précédent, comme les organes producteurs des ovules ; en recherchant avec soin l'état de ces parties aux différents âges, même chez les fœtus ; en faisant surtout une étude comparative des œufs chez les Oiseaux avant et après l'imprégnation, on est parvenu aux plus lumineuses découvertes sur l'existence générale des ovules et sur leur composition.

§ 10. L'idée que non seulement les éléments complets du germe, mais que ce germe lui-même, ou l'embryon, existe dans l'ovule avant l'imprégnation, et que celle-ci ne fait que lui donner la première impulsion nécessaire du mouvement vital, était assez prédominante parmi les physiologistes du dernier siècle ; cette idée surgit à chaque page dans les belles observations de Spallanzani sur la génération ; c'était aussi celle de Bonnet, son célèbre ami. Cette idée tenait au système de la *préexistence des germes*.

Un autre système partageait les physiologistes, celui de l'*épigénèse*, dans lequel on admet que les matériaux du germe s'arrangent et s'organisent seulement après l'imprégnation de l'ovule par la liqueur du mâle, par suite de cette puissance occulte que Blumenbach a désignée sous le nom de *nisus formativus*.

Notre siècle positif devait recourir à l'observation et aux expériences, pour voir s'il n'y aurait pas moyen d'éclairer cette question fondamentale.

Il fallait surtout étudier, dans ce but, l'œuf *avant son imprégnation*, c'est-à-dire avant le rapprochement des sexes. C'est ce qu'a fait le célèbre Purkinje pour l'œuf des Oiseaux.

Il résulte de ses recherches, dont le résultat a paru en 1825, qu'il existe, ainsi que nous l'avons dit, dans la sphère vitelline ou nutritive de l'ovule (dans le jaune de l'œuf des Oiseaux), une sphère germinative, renfermant un liquide transparent, albumineux, contenu dans une membrane très déliée, également transparente.

Cette sphère porte le nom de vésicule du germe ou vésicule de Purkinje, depuis sa découverte dans les *Oiseaux* par ce physiologiste ingénieux.

Nous verrons, tout à l'heure, qu'elle ne contient pas le germe, mais seulement une partie de ses premiers matériaux.

Cavolini, vers la fin du siècle dernier, avait parfaitement reconnu la vésicule germinative dans l'ovaire des Poissons, mais sans déterminer sa signification.

§ 11. La doctrine que nous avions adoptée en 1805 (1) dans la partie des leçons que M. Cuvier nous avait chargé de rédiger de toutes pièces, était, comme on va le voir, bien rapprochée des démonstrations actuelles de la science. Elle les faisait, pour ainsi dire, toucher au doigt :

« L'ovaire ou les ovaires, y est-il dit, ser» vent évidemment à l'accroissement et à la » conservation des germes ou des œufs. Les » germes sont probablement renfermés dans » les vésicules de Graaf. Le nombre de ces » vésicules est toujours moindre dans les » Mammifères en gestation ; celles de ces » vésicules qui se sont vidées pendant la » conception sont remplacées par un nom» bre égal de corps jaunes, qui ne semblent » d'abord qu'un épaississement des points » des vésicules. Les cicatrices qui s'obser» vent dans la place de ces vésicules et des » corps jaunes qui leur ont succédé sont les » traces du passage des germes sortis hors » de l'ovaire dans le moment de la concep» tion. On ne trouve ces cicatrices que chez » les femmes adultes. Les femelles vierges » de Mammifères n'en montrent aucune, » tandis qu'on les a rencontrées souvent » chez les filles vierges. Nous en avons vu » plusieurs chez une personne morte à l'âge » de dix-sept ans, dont la membrane de l'hy» men subsistait dans toute son intégrité.

» On peut en conclure que les plaisirs » solitaires produisent la sortie des germes » (ou la ponte des ovules) hors des vésicules » de Graaf, de même que, chez les mâles, » ils déterminent l'expulsion de la semence. »

Cette doctrine démontrait toutes les analogies entre les ovaires des Mammifères et ceux des Oiseaux, entre les vésicules des premiers et les œufs contenus dans le calice de l'ovaire chez ces derniers. Elle admettait

(1) *Leçons d'anatomie comparée*, t. V, p. 5?, 56 et 59 ; et 2ᵉ édit., t. VIII, p. 13-17 ; Paris, 1846.

la ponte des œufs chez les Mammifères, ou leur sortie des vésicules de Graaf, par la conception et les plaisirs solitaires. Ces idées, que nous avions en 1805, nous ont conduit naturellement, après la découverte positive des ovules, à la conclusion par déduction et par l'analogie de composition de l'ovaire des Oiseaux avec celui des Mammifères, que ceux-ci doivent pondre leurs œufs mûrs comme les Oiseaux, indépendamment des mâles et sans eux. Nous l'avons enseigné au collége de France dans nos cours de 1840 à 1842.

§ 12. La science actuelle a recherché et découvert ces ovules, dont le raisonnement par analogie de ressemblance entre l'ovaire des Oiseaux et celui des Mammifères, avait indiqué la présence ou l'absence, dans des cas donnés.

Elle a déterminé leurs dimensions, leur composition avant et après la conception, et les changements qu'y produit celle-ci ou l'imprégnation.

C'est à MM. Prévost et Dumas que l'on doit la première indication de l'ovule des Mammifères renfermé dans les vésicules de Graaf. Les observations où la présomption de cette importante découverte est exprimée datent de 1824 et de 1825. Elles ont été faites sur des femelles de Lapin et sur des Chiennes ; seulement il restait quelques doutes à ces jeunes investigateurs de la nature, sur l'exacte détermination de cet ovule, qu'ils n'admettaient encore qu'avec une sorte d'hésitation.

Trois années plus tard, M. de Baer reconnaissait ce même ovule, sans aucun doute, et avec tous les caractères d'une découverte certaine, dans l'ovaire de beaucoup de Mammifères ; parmi lesquels il conseille de le chercher de préférence chez les petits Mammifères (le *Hérisson*, la *Taupe*), parce que, chez ceux-ci, on peut l'apercevoir au microscope, à travers les parois, restées transparentes, des *vésicules de Graaf* (1).

L'ovule, dit ce savant (2), consiste en une masse sphérique interne, obscure, formée de grosses granulations ; cette masse semble être pleine ; mais, quand on l'examine avec plus d'attention, on y aperçoit une petite cavité intérieure.

(1) *Lettre sur la formation de l'œuf, etc., adressée, en 1827, à l'Académie de Saint-Pétersbourg*, publiée en français par M. Breschet. Paris, 1829.

(2) *Commentaire de la lettre* p. 39.

Cette petite cavité intérieure est certainement la vésicule de Purkinje, aperçue incontestablement par M. de Baer, dit M. Dutrochet, dans un Rapport à l'Académie des sciences, mais dont M. Coste a le premier déterminé la signification.

M. de Baer estime les plus grands ovules contenus dans les vésicules des ovaires du Chien à $\frac{1}{10}$ et même à $\frac{1}{10}$, et les plus petits à $\frac{1}{20}$ de ligne parisienne. MM. Prévost et Dumas les appréciaient à $0^m,001$ de diamètre, et la vésicule de Graaf qui les contenait, à $0^m,003$ ou $0^m,007$.

Après ces heureuses recherches sur l'œuf des Mammifères, on doit citer celles de M. Bernhardt, élève de M. Purkinje, qui, à la sollicitation de son maître, a fait un grand nombre de difficiles et délicates observations sur ce sujet intéressant, dont les résultats ont paru à Breslaw, en 1834. Ils comprennent, entre autres, les mesures absolues et relatives de la *vésicule de Graaf* et de l'*ovule* contenu dans cette vésicule, chez la *Chauve-Souris commune*, le *Chien*, le *Chat*, l'*Écureuil*, la *Taupe d'Europe*, le *Lapin*, le *Cochon*, la *Vache*, la *Brebis*.

On y trouve même les mesures de l'ovule et de sa *vésicule* germinative, dans la *Taupe*, la *Vache* et la *Brebis*.

Il résulte de ces mesures que la *vésicule germinative* varie de 0,0010 de ligne parisienne à 0,0020, dans la Taupe, le Cochon, la Vache et la Brebis.

L'ovule varie de 0,003 à 0,007 de ligne, dans la *Chauve-Souris*.

Dans le Chien, de 0,003 à 0,004.

Dans le Chat, de 0,0043 à 0,0048.

Dans l'Écureuil, de 0,002 à 0,003.

Dans la Taupe, de 0,023 à 0,0050.

Dans le Lapin, de 0,0010 à 0,0013.

Les ovules, contenus dans le même ovaire, varient comme 20 à 1.

La vésicule du germe indiquée par Cavolini dans les ovules des Poissons dès 1787, et si heureusement déterminée par Purkinje, en 1825, dans les Oiseaux, était reconnue par M. de Baer, dès 1827, dans les *Reptiles* et dans plusieurs Classes des animaux inférieurs. Et, dès 1828, cet observateur pénétrant l'avait découverte chez les *Mollusques*, même dans les plus petits œufs. Elle paraît être, ajoute-t-il, la première trace de l'œuf autour de laquelle s'amasse le vitellus.

R. Wagner a étendu plus tard (en 1837) cette observation remarquable à la classe des *Insectes*.

M. de Baer a observé et décrit, dès 1827, les différentes phases de composition, de développement relatif et de position de cette vésicule. Il l'a vue généralement se rapprocher du centre vers la périphérie, et disparaître après la ponte.

Cet ordre de développement a été confirmé par les observations de M. Barry (1).

C'est à R. Wagner qu'il était réservé de compléter l'anatomie ou la connaissance de la composition organique de la vésicule du germe, par la découverte d'une ou de plusieurs taches de granules opaques, fixés à l'un des points de la paroi interne de cette vésicule transparente. Cette tache, simple ou multiple, est désignée, depuis 1837, sous le nom de *tache germinative de Wagner*. La vésicule ou la sphère germinative, ainsi que la tache du même nom, a été recherchée et découverte, principalement par les investigations de Purkinje, de Baer et de R. Wagner, dans plusieurs espèces appartenant à toutes les classes du Règne animal.

M. R. Wagner en a constaté l'existence chez les *Corynes*, les *Lucernaires* et les *Actinies*, parmi les Polypes; chez les *Méduses*, parmi les Acalèphes; chez les *Astéries*, parmi les Échinodermes; chez les Crustacés, les Arachnides et les Insectes.

Déjà M. de Baer avait vu au moins la vésicule du germe, chez les *Sangsues* et les *Lombrics*, parmi les Annélides.

La tache germinative s'est montrée constamment chez tous les *Mammifères* examinés dans ce but de recherches. On a de même confirmé son existence chez les *Oiseaux*, les *Reptiles* et les *Poissons*.

Si l'idée d'un embryon tout formé, préexistant à la conception, a dû s'évanouir après les résultats uniformes de ces recherches multipliées, on a pu du moins s'arrêter à la formation, dans l'ovaire, et à la préexistence, longtemps avant la conception (2), d'ovules composés essentiellement de cette sphère productrice du germe ou de l'embryon, qui renferme les matériaux destinés à le compo-

ser en premier lieu, c'est-à-dire à en former les premiers linéaments.

C'est ainsi que la science actuelle est parvenue à approfondir, dans tous ses détails, dans tous ses rapports, la connaissance comparée de l'ovule des animaux à génération sexuelle.

Ces importantes découvertes sont devenues le point de départ de la théorie actuelle de la génération.

§ 13. Les *organes préparateurs mâles* ou les organes sécréteurs du sperme, cet autre élément du germe, avaient été décrits avec assez de détails, dans leur forme, leur volume relatif, leur position fixe ou changeante, leur composition, leur structure intime, dans l'esquisse que nous en avons tracée dans le même ouvrage, mais pour les animaux vertébrés seulement. M. Cuvier s'était chargé de cette même description pour les animaux sans vertèbres.

Nous avons insisté particulièrement, dans cette description, sur le corps d'Higmor et sur ses usages dans la glande du sperme des Mammifères.

Il est remarquable que les *Mammifères*, chez lesquels il y a copulation et intromission de la semence, dans l'organe femelle (le vagin) d'accouplement; l'organe d'incubation (l'utérus), l'oviducte (ou la trompe de Fallope) compliquent singulièrement l'accès de la semence vers l'ovaire. Mais aussi les Mammifères ont presque exclusivement, parmi les animaux vertébrés, des glandes accessoires, ou des réservoirs, propres à séparer, ou à contenir, des humeurs destinées sans doute à délayer la semence et à lui servir de véhicule.

Notre esquisse de ces organes, telles que les vésicules séminales, les prostates, les glandes de Cowper, est la première où ils aient été déterminés avec précision et comparativement dans toute la classe des Mammifères.

Cette esquisse a fait connaître un assez grand nombre de détails inconnus jusqu'à nous sur l'existence ou l'organisation de ces divers organes; détails qui ne se trouvent pas dans les descriptions éparses, d'ailleurs si précieuses, de Daubenton et de Pallas.

Mais il manquait essentiellement à notre exposé celui de la composition chimique et de la composition organique du produit de

(1) Voir *l'Institut*, n° 278, p. 137, année 1839. (*Société royale de Londres*.)

(2) M. Cirus en a découvert dans de jeunes filles de quelques mois et même dans des fœtus à terme.

ces glandes, du sperme en particulier, qui est pour le mâle ce que l'ovule est pour la femelle. Nous avons cherché à y suppléer dans notre nouvelle édition, après plus de quarante années d'intervalle (1).

§ 14. Relativement à la composition organique, le sperme est formé d'une partie liquide, dans laquelle nagent des quantités innombrables de petits corps de même forme dans la même espèce; qui montrent, dans les classes supérieures, toutes les apparences d'animaux se mouvant spontanément dans ce liquide; mais dont la forme et les manifestations sont loin de produire cette illusion dans beaucoup d'animaux des classes inférieures, des Crustacés, entre autres. C'est à Leeuwenhœck, et, en premier lieu, à un étudiant en médecine hollandais nommé Hans, qui attira l'attention de ce grand observateur sur cet objet, qu'on en doit la première description. Pour cet infatigable scrutateur de la nature, ces corps mobiles furent des animalcules analogues à ceux qui paraissent dans les infusions des substances végétales ou animales qui se décomposent. Il les appela, d'après cette idée hypothétique, *animalcules spermatiques*. L'histoire de la découverte de ces prétendus animalcules, que nous croyons désigner plus justement sous le nom de *Spermatozoïdes* (figures d'animaux du sperme), a le triple intérêt d'être liée avec la découverte des Infusoires, avec les idées qu'on s'est faites de la génération spontanée, ou de la génération hétérogyne de M. Burdach; enfin avec plusieurs systèmes sur la génération homogyne. Nous y reviendrons en parlant de la génération comme fonction.

§ 15. Le contact immédiat de l'élément mâle, producteur du germe, avec l'élément femelle, ce contact indispensable pour opérer la fécondation, a nécessité, lorsque celle-ci doit se faire dans le corps de la femelle, des dispositions organiques plus ou moins compliquées pour le produire.

Ce sont ces dispositions organiques qui rendent efficace ou fécond le rapprochement des sexes.

Dans la description abrégée que nous avons rédigée des organes femelles d'accouplement chez les Mammifères (2), on a pu

(1) Notre tome VIII a paru à la fin de 1845.
(2) *Leçons d'anatomie comparée*, t. V, 1re éd. Paris, 1805.

remarquer, pour la première fois, une distinction facile de la vulve et du vagin ou du canal génital, dans une indication précise de la limite entre l'une et l'autre, même lorsque la première est devenue un canal dont la profondeur peut excéder celle de la vulve.

C'est dans cette limite que se voit la membrane de l'hymen chez un assez grand nombre de Mammifères, ou seulement une ligne étranglée qui en tient lieu, ainsi que nous l'avons dit dans un *Mémoire sur l'hymen* (1), dans lequel nous avons démontré que cette membrane n'est pas un caractère exclusif de l'espèce humaine, comme l'avaient cru Linné et le grand physiologiste Haller.

Il existe dans la verge de l'*Ornithorhynque* et de l'*Échidné*, de ces Mammifères singuliers, auxquels on a longtemps refusé des mamelles, une remarquable disposition pour l'accouplement et la fécondation, indiquée en premier lieu par Év. Home, étudiée en 1812 par M. de Blainville, puis par Meckel, et dont j'ai aussi fait connaître quelques détails.

Les canaux déférents se terminent, comme à l'ordinaire, dans l'origine de l'urètre pelvien, le seul qui existe chez ces animaux. La semence, arrivée près de l'autre extrémité de ce conduit, qui verse l'urine dans le cloaque, entre dans un canal séminal particulier, qui fait partie de la verge. Ce canal se divise, à l'extrémité de celle-ci, en autant de branches qu'il y a de glands (en deux pour l'*Ornithorhynque*, et en quatre pour l'*Échidné*). Chacune de ces branches se sous-divise en autant de rameaux qu'il y a d'épines creuses qui couronnent ces glands, de sorte que ces épines doivent faire l'effet d'un arrosoir au moment de la copulation (2).

Nous disions dans notre rédaction (3), au sujet du gland qui termine l'organe de copulation et d'intromission des Mammifères, que sa forme et sa composition sont on ne peut plus variées dans cette classe,

(1) *Mémoire sur l'hymen*, lu à la classe des sciences physiques et mathématiques de l'Institut, le 23 juillet 1805, et imprimé dans le tome I des *Savants étrangers*. Paris, 1811.
(2) Fragment sur les organes de la génération de l'Ornithorhynque et de l'Échidné, *Mémoires de la Société du Muséum d'histoire naturelle de Strasbourg*, t. I.
(3) *Leçons d'anatomie comparée*, t. V, p. 85 Paris, 1805; et 2e édit., t. VIII, p. 218 et 219. Paris, 1846

et que l'on pouvait présumer que ces variétés de forme et de composition, qui devaient sans doute mettre en rapport la sensibilité des organes d'accouplement mâle et femelle, pourraient bien être considérées comme une des causes de la conservation des espèces.

Nous en verrons une plus prochaine et plus générale dans la liqueur prolifique.

§ 16. Le même tableau des *Organes de la génération*, qui date de 1805, comprend, sous le titre d'*Organes éducateurs intérieurs*, tous ceux des femelles qui, comme les oviductes des Oiseaux, portent au dehors les œufs fécondés, après les avoir complétés.

Les *trompes de Fallope* des Mammifères et de la femme sont ici des oviductes, comme si, à cette époque reculée, il était déjà démontré incontestablement que les ovules traversent ces canaux pour arriver dans l'utérus.

Parmi les organes éducateurs extérieurs se trouve la poche sous abdominale de certains *Didelphes*, qui renferment les petits à l'état, pour ainsi dire, embryonnaire, et dans laquelle ces petits embryons, fixés par la bouche aux mamelles de leur mère, commencent ainsi à se nourrir par digestion. On ignorait, en 1804, la voie que suivent ces embryons pour passer, de l'utérus intérieur, dans cet organe d'éducation extérieur. Après en avoir cherché inutilement une directe, j'ai découvert qu'un muscle, que j'ai appelé, dans les *Sarigues*, iléo-marsupial, muscle déjà connu, à la vérité, de Tyson, mais auquel il avait attribué d'autres usages, devait porter cette poche vers la vulve, au moment de la mise bas, et faciliter ainsi l'introduction de ces avortons dans leur organe d'éducation extérieur (1).

§ 17. Les recherches multipliées dont les Spermatozoïdes ont été l'objet, les faits nombreux sur la génération découverts à leur occasion, ont singulièrement contribué à avancer la connaissance de cette fonction, et particulièrement celle des conditions indispensables pour que le germe apparaisse dans l'ovule.

Nous avons dit que la forme des Spermatozoïdes varie et prend des caractères particuliers saisissables dans certaines classes et quelquefois dans certaines familles, dans certains genres, et même dans quelques espèces, qui font comprendre, jusqu'a un certain point, l'impossibilité, par exemple, de féconder des œufs de *Grenouille* avec le sperme du *Crapaud*, et réciproquement, ainsi que l'a tenté vainement Spallanzani (1).

Leur présence dans le sperme propre à la fécondation, leur absence, déjà observée par Gleichen, chez le Mulet, confirmée par MM. Prévost et Dumas, ainsi que chez les vieux animaux devenus impuissants, et chez les jeunes animaux qui ne sont pas encore capables d'engendrer; toutes ces circonstances et plusieurs autres ont démontré que les Spermatozoïdes forment la partie essentielle du sperme. Non pas que nous admettions qu'un Spermatozoïde se place dans un ovule pour y constituer le système nerveux; mais nous pouvons soutenir, sans hypothèse, qu'il apporte dans l'ovule, virtuellement ou actuellement, tout ce qui, dans la constitution du germe ou de l'embryon, sera dérivé de l'organisation du mâle.

Les fécondations artificielles, si merveilleusement imaginées par le génie expérimental de Spallanzani, ont singulièrement contribué à montrer, pour ainsi dire, au doigt, l'importance des Spermatozoïdes dans la fécondation naturelle. Spallanzani avait déjà remarqué qu'elle n'avait pas lieu, si l'on séparait du sperme sa partie la plus épaisse.

MM. Prévost et Dumas reprenant ce sujet si intéressant, avec des idées plus exactes sur la composition organique du sperme, ont vu qu'en séparant, autant que possible, à travers plusieurs filtres, la partie liquide du sperme des Spermatozoïdes, cette partie liquide devenait impropre à la fécondation.

Cette expérience confirmait les conclusions tirées des observations que nous avons énoncées sur les effets de l'absence ou de la présence des Spermatozoïdes dans la semence, et démontrait surabondamment le rôle essentiel qu'ils jouent dans la génération sexuelle.

De là l'idée heureuse et féconde en dé-

(1) *Ancien Bulletin de la Société philomatique*, n° 81, p. 160, et pl. 13, fig. 11. Voir encore l'article MARSUPIAUX, par M. E. Geoffroy Saint-Hilaire, t. 29 p. 360, du *Dict. des sciences naturelles*.

(1) *Expériences pour servir à l'histoire de la génération*, etc. Genève, 1785, p. 219 et suivantes.

couvertes faites dans ces dernières années,
de rechercher la glande du sperme, ou l'organe du sexe mâle, au moyen des Spermatozoïdes, dans les animaux où cette glande
était encore inconnue : idée dont M. Prévost
a fait, si je ne me trompe, une première
application, en 1826, relativement à la
Moule d'étang; il a découvert que, dans
cette espèce de bivalve, il y avait des individus mâles, aussi bien que des individus femelles.

L'étude de la composition du sperme et
de l'ovule, ces deux éléments de toute génération bisexuelle, soit monoïque, soit dioïque,
jointe aux expériences sur les fécondations
artificielles, ont conduit à la démonstration,
même pour les *Mammifères*, de la nécessité
indispensable, pour toute fécondation, du
contact immédiat de l'ovule et des spermatozoïdes.

Mais ce contact ne s'effectue pas, dans
cette dernière classe, comme on l'avait cru,
à l'instant même du rapprochement des
sexes, et dans l'utérus, par le mélange des
deux éléments mâle et femelle, par celui des
fameuses molécules organiques de Buffon.

Il y avait, dans cette hypothèse, deux erreurs : l'une sur le temps, et l'autre sur le
lieu de la conception.

Les Spermatozoïdes que M. Bischoff a vus
autour de l'ovaire d'une Chienne, couverte
peu de temps auparavant, ont montré que
c'est déjà dans cet organe que l'ovule peut
recevoir l'imprégnation nécessaire à la première apparition du germe.

La présence des ovules et des Spermatozoïdes dans l'oviducte ou la trompe de Fallope, quelque temps après la copulation, a
montré encore que la rencontre de ces deux
éléments du germe pouvait aussi s'effectuer
dans cet organe.

Il n'est pas douteux que, chez les Oiseaux,
c'est dans l'ovaire même que cette rencontre
a lieu.

Dans le cas si remarquable du développement des *Pœcilies* dans la capsule même
de l'ovule dans laquelle il s'est développé, et
qui répond à ce qu'on a appelé le calice dans
l'ovaire des Oiseaux, nous avons fait connaître que la fécondation devait s'effectuer à
travers la muqueuse qui tapisse la cavité
centrale de l'ovaire et revêt cette capsule,
puis à travers celle-ci, et, en troisième lieu,

à travers la membrane vitelline de l'ovule.

Chez les *Insectes*, nous devons signaler un
admirable arrangement pour la fécondation,
qui démontre qu'elle n'a lieu qu'au moment
de la ponte, et conséquemment après la copulation. Cet arrangement organique avait
déjà été indiqué par Malpighi dans le *Papillon du Ver à soie*.

Il existe dans cette classe, chez la femelle,
un réservoir dans lequel la semence pénètre
après la copulation, et où elle est conservée
jusqu'au moment de la ponte, qui est en
même temps celui de la fécondation. M. de
Siébold a montré que ce réservoir est généralement distinct de la vésicule copulatrice,
que l'on trouve souvent remplie par la verge
du mâle, après la séparation des sexes, et
sur laquelle M. Audouin a fixé plus particulièrement l'attention des physiologistes.

Pour concevoir la nécessité de cet arrangement, il faut se rappeler que les ovaires
des Insectes se composent de tubes coniques
dans lesquels les ovules sont placés en série,
depuis le sommet jusqu'à l'embouchure de
chaque tube dans un oviducte commun ; que
ces ovules ont différents degrés de développement, et que les plus développés sont
ceux qui sont près de l'embouchure du tube
ovarien. A l'instant de la copulation, le
plus rapproché de l'issue de l'ovaire pourrait
seul être fécondé, sans cette disposition qui
fait passer successivement, au moment de la
ponte, devant l'orifice du réservoir séminal,
les œufs mûrs des différents tubes ovariens, et détermine leur imprégnation successive (1).

Dans la classe des *Mammifères*, l'absence
des ovules dans l'utérus après la copulation,
et leur arrivée tardive dans cet organe plusieurs jours après le rapprochement des
sexes, ont démontré la seconde des erreurs
que nous avons signalée, celle qui regardait
l'utérus comme le lieu de rencontre des deux
éléments du germe.

C'est ainsi que, par un grand nombre de
recherches anatomiques, d'observations microscopiques et d'expériences sur les animaux vivants, ou sur les produits de leurs
organes préparateurs ou producteurs des
ovules et du sperme, on est parvenu à reconnaître, avec certitude, la condition essentielle de la première apparition du germe

(1) *Leçons d'anatomie comparée,* t. VIII, p. 326-341.

dans l'ovule, seul caractère indubitable de la fécondation ou de la génération. Cette condition est, comme nous l'avons exprimé, le contact immédiat des deux éléments mâle et femelle de ce germe, c'est-à-dire des spermatozoïdes et de l'ovule.

§ 18. *Des générations sans fécondation immédiate préalable, par des femelles d'animaux à sexes séparés.*

Nous nous proposons de rappeler, dans ce paragraphe, quelques cas rares qui semblent démontrer que la loi que nous venons de faire connaître souffre des exceptions très remarquables ; que les femelles de quelques espèces à génération bisexuelle ont pondu des œufs féconds, ou bien qu'elles ont mis bas des petits, sans avoir eu de rapport avec leurs mâles.

C'est surtout dans la classe des Insectes que l'on a découvert les exemples les plus évidents de cette génération exceptionnelle.

Bonnet (1) a suivi, il y a plus d'un siècle, avec un soin et une patience dignes des plus grands éloges, neuf générations successives de femelles de Pucerons, qu'il avait soin d'isoler immédiatement après leur naissance.

On sait que les Pucerons vivent en sociétés nombreuses sur différentes plantes. Ce n'est qu'en automne qu'il paraît des mâles, et que la dernière génération des femelles est fécondée par ceux-ci. Les œufs pondus par ces dernières femelles passent l'hiver et éclosent au printemps. La génération femelle qui en sort met au monde des petits vivants qui sont encore des femelles ; le plus souvent ces petits donnent plusieurs générations successives de femelles, qui se produisent dans la belle saison.

Ainsi l'observation directe des mœurs de ces Insectes, comme les expériences de Bonnet, répétées, entr'autres, par M. Duvau (2), ont démontré qu'une fécondation pouvait suffire à plusieurs générations successives, ou du moins qu'après une génération produite par le concours des mâles, il pouvait y avoir jusqu'à neuf générations successives de femelles, suivant Bonnet, dans l'espace

(1) *Observations sur les Pucerons*, t. 1 des Œuvres complètes ; Neuchâtel, 1779.
(2) *Mémoires du Muséum d'histoire naturelle*, t. XIII, p. 126.

d'environ trois mois, et jusqu'à onze suivant M. Duvau, mais dans un temps plus long, sans ce concours immédiat.

Après les Pucerons, c'est l'ordre des *Lépidoptères* qui a fourni le plus d'exemples de cette génération sans copulation, sans fécondation préalable.

Dès 1705, Albrecht signalait la *Phalène du Groseiller* comme ayant pondu des œufs en sortant de sa chrysalide, et avant d'avoir eu les approches d'un mâle, d'où sont écloses de petites chenilles (1).

On a de même des exemples que des femelles de *Sphinx du Troëne*, et du *Peuplier*, que celles de plusieurs espèces de *Bombyces*, de celui du *Chêne*, de la *feuille morte*, de l'*écaille*, ont pondu des œufs féconds, sans avoir eu de mâle (2).

Le *Bombyce disparate* a même produit ainsi trois générations successives dont la dernière, ne se composant que de mâles, mit fin à cette singulière propagation (3).

Tout récemment, M. Boursier a observé avec soin toutes les circonstances dans lesquelles une femelle vierge de *Bombyce du mûrier*, a pondu des œufs féconds (4).

La classe des Arachnides a présenté aux observateurs de semblables exemples. Il y a déjà bien des années que M. Duméril a vu chez Audebert, bien connu par son *Histoire naturelle des Singes*, plusieurs cases de verres dans lesquelles ce naturaliste nourrissait des Araignées domestiques. Dans l'une d'elles était renfermée la mère de toutes les autres. Elle avait pondu deux années de suite, sans avoir de mâle, et ses œufs avaient produit, à chaque ponte, des petits dont il avait eu soin de conserver plusieurs individus (5). Lister et, avant lui, Blancardi avaient vu une Araignée femelle pondre des œufs féconds durant quatre années consécutives, sans les approches d'un mâle.

Les *Daphnies*, parmi les ENTOMOSTRACÉS, ont montré à Jurine la même faculté exceptionnelle. Suivant ce naturaliste célèbre, une seule génération par accouplement

(1) *Eph. nat. cur.*, 1705.
(2) Voir l'*Introduction à l'étude de l'Entomologie*, par M. Lacordaire, t. II, p. 363.
(3) *Ibid.*, p. 385.
(4) Voir le rapport de M. Duméril, séance de l'Académie des sciences du 20 septembre 1847, *C.-R.*, t. XXV, p. 1-22.
(5) *Dict. des sciences naturelles*, t. II, p. 321.

pourrait être suivie de six générations sans accouplements.

Enfin, nous citerons encore dans le type des Mollusques et dans la classe des Gastéropodes les *Paludines*, chez lesquelles M. Carus a observé de même plusieurs générations successives de femelles vierges.

Spallanzani avait annoncé, depuis longtemps, avoir observé chez plusieurs espèces de plantes dioïques ou monoïques, ce phénomène exceptionnel.

Des tiges femelles de *Chanvre*, d'*Épinards*, ont produit des graines fécondes, sans l'influence de la poussière des étamines des tiges mâles.

Pour la Courge à écu, le Melon d'eau, Spallanzani a eu soin d'enlever les fleurs mâles, à mesure qu'elles paraissaient, et cependant les fleurs femelles ont produit des fruits (1).

M. Lecoq, professeur d'histoire naturelle à Clermont, a confirmé les observations de Spallanzani, sur des tiges femelles de *Chanvre* et d'*Épinards*. Il a même trouvé fertile des graines d'individus isolés de la *Mercuriale annuelle*.

Que conclure de ces exemples rares de propagation unisexuelle, dont quelques individus d'espèces bisexuelles ont été doués par exception? Nous disons, avec M. Duméril, que cette exception est providentielle et qu'elle a pour but d'assurer la conservation des espèces (2).

La nécessité du contact des ovules et du sperme, ces deux éléments du germe, n'en est pas moins la règle générale pour la génération bisexuelle.

Peut-être que dans les cas que nous venons de citer, il y a eu, par exception, une sorte d'hermaphroditisme? Les recherches les plus minutieuses seraient du moins nécessaires pour constater si ces femelles, qui conçoivent sans les approches d'un mâle, n'ont pas les organes producteurs des Spermatozoïdes.

CHAPITRE IV.
DE L'AGE DE PROPAGATION ET DES PHÉNOMÈNES QUI LE CARACTÉRISENT DANS LES DEUX SEXES.

L'âge de propagation est la quatrième époque de la vie.

(1) *Expériences pour servir à l'histoire de la génération*, par M. Spallanzani, p. 395. Genève, 1785.
(2) Rapport cité.

Il succède à l'âge où l'animal a pu s'alimenter sans le secours de ses parents, et durant lequel cette alimentation indépendante a produit non seulement l'accroissement normal de tout l'organisme; mais encore le développement plus particulier des organes destinés à la fonction que nous décrirons.

Il vient plutôt compliquer cette époque d'alimentation indépendante ou de la vie individuelle, d'une vie nouvelle, de celle qui se rapporte à l'espèce. Mais cette vie de l'espèce a une telle influence sur la vie individuelle, elle la modifie si profondément, qu'elle marque une époque distincte dans le cours de chaque existence.

En effet, l'âge de propagation n'est pas uniquement caractérisé par le développement des organes de génération; il se manifeste encore par beaucoup de changements remarquables dans la forme générale de l'animal, dans sa taille, dans ses téguments, dans sa voix, dans l'apparition de certaines parties qui ne se développent qu'à cette époque de la vie; dans les phénomènes multiples de ce nouveau mode d'existence et qui lui sont particuliers.

Il serait trop long de montrer en détail tous ces changements, en passant en revue, sous ce rapport, les diverses classes du règne animal.

Nous croirons avoir rempli notre tâche, après les avoir indiqués d'une manière générale, et après avoir fait connaître quelques uns des traits les plus remarquables qui les caractérisent.

Les animaux ne sont aptes à la propagation sexuelle, que lorsqu'ils ont atteint au moins la plus grande partie de leur accroissement, que lorsque leur organisme montre, dans son jeu, la plupart des symptômes de force et d'énergie qu'il doit acquérir un jour.

Il faut en conclure que, pour donner la vie à un autre être, celui qui est appelé à remplir cette tâche doit perdre une portion du surcroît d'activité vitale qu'il possède actuellement.

§ 19. Les *Mammifères domestiques* parviennent à l'âge de propagation avant d'avoir atteint leur taille définitive. La nutrition abondante de l'époque d'alimentation et d'accroissement indépendants, produit,

avant la fin de cette époque, une exubérance de vie dans tout l'organisme, qui se
fait sentir plus particulièrement dans les
organes de la génération, développe, avec
ces organes, l'instinct de la propagation,
et donne à l'animal la faculté de se propager, en même temps qu'il conserve l'activité
vitale propre à son accroissement ultérieur
et définitif.

L'aptitude à la génération dépend moins
du développement complet de tout l'organisme, que du développement convenable
des organes générateurs. Ce n'est donc pas
seulement à la fin de l'âge d'accroissement,
que commence l'âge de propagation.

Celui où le mouvement de nutrition générale et de composition organique est partout dans la plus grande force, peut être
en même temps celui où la production du
sperme dans les organes générateurs du
mâle, et des ovules mûrs dans ceux de la
femelle, se montre très active. C'est l'é-
poque où les pertes de semence épuisent le
moins; où les forces que cet acte fait perdre
sont réparées en peu de temps, où les produits des organes générateurs sont le plus
promptement remplacés.

En un mot, l'aptitude à la génération
dépendant, dans tous les cas, de l'âge, est,
toutes choses égales d'ailleurs, en raison
composée de l'activité de la nutrition dans
tout l'organisme, et de cette même activité
de nutrition dans les organes générateurs
en particulier.

Le *Papillon*, qui ne croît plus, qui ne
s'alimente que très peu, sort de sa chrysalide avec des ovules mûrs, si c'est une femelle, avec des spermatozoïdes, si c'est un
mâle, déjà préparés dans ses organes de
génération, à la fin de son âge de nutrition
indépendante et d'accroissement, lorsqu'il
était encore chenille. Il meurt immédiatement après avoir accompli l'acte de la génération; sa nutrition trop faible ou qui lui
manque, à cette quatrième époque de la vie,
ne pouvant plus en renouveler les produits.

Le Dromadaire mâle, qui jeûne à l'époque
où le rut le tourmente, tombe en défail-
lance après l'accouplement.

Une alimentation plus ou moins abondante peut accélérer ou retarder l'époque
de Propagation sexuelle.

Si elle n'est pas toujours caractérisée par
la taille propre à chaque espèce ou à chaque
variété, quand il s'agit d'un animal domestique; elle l'est du moins par la forme du
corps, par la nature et la couleur des téguments, et par l'apparition de toutes les
parties qui en dépendent, telles que les cornes et les appendices de toute espèce qui se
montrent à cet âge sur les différentes parties du corps.

§ 20. Les *Singes cynocéphales* mâles ont
le haut des cuisses dénué de poils, et coloré
d'un rouge vif ou en bleu. Chez les femelles,
les parties génitales sont entourées d'énormes boursouflures de couleur rouge de sang
à l'époque du rut.

Le *Mandrill* mâle, outre ces changements,
montre une coloration singulière, en bleu et
en rouge, de sa face et de son nez.

Le Cerf pousse son premier bois, sa da-
gue, qui n'a pas encore de branche ou
d'andouiller.

Les cornes du jeune Taureau, celles de la
Génisse, sont encore courtes et peu développées.

Chez tous, les téguments, qu'ils soient
couverts de poils, d'écailles ou de boucliers,
prennent leur couleur définitive, caractéristique de chaque sexe.

Le *Cerf* perd les mouchetures qui distinguent le pelage du Faon; le *Sanglier*, les
bandes de couleur plus claire qui caractérisent le Marcassin. Le Lion mâle, barré
comme un Tigre dans le jeune âge, prend,
avec sa crinière, son pelage d'un roux jau-
nâtre uniforme.

La taille des mâles, dans la classe des
Mammifères, excède généralement celle des
femelles à l'âge adulte.

Chez tous, l'instinct de Propagation, en
se développant, change le caractère de l'a-
nimal, et lui donne une gravité, un courage
et un besoin d'exercer ses forces par des
combats singuliers, qu'il était loin de manifester avant cette époque.

Sa voix, d'ailleurs, a pris une extension
et un timbre qu'elle n'avait pas auparavant.

§ 21. Tous ces changements sont encore
plus manifestes dans la classe des *Oiseaux*.

Il est remarquable que, chez les *Oiseaux
de proie diurnes*, les mâles font exception à
la règle qui accorde plus de force et de taille
à ce sexe. Ils sont d'un tiers plus petits que

les femelles ; de là le nom de *Tiercelet* par lequel on les désigne. C'est que la femelle avait besoin de force aussi bien que de courage pour dompter la proie dont elle doit nourrir ses petits.

Beaucoup d'Oiseaux de cet ordre ne prennent la couleur définitive de leur plumage que la quatrième année qui commence l'âge de Propagation.

Les différences sexuelles qui distinguent le plumage des mâles de celui des femelles, se montrent seulement à cet âge dans toute leur étendue. Les femelles conservent, au contraire, très généralement, le plumage des jeunes mâles, jusqu'à ce que l'âge avancé où elles parviennent, dans quelques cas rares des espèces domestiques (celles des Faisans), leur donne, jusqu'à un certain point, celui des mâles adultes.

Ces changements montrent que certaines différences sexuelles ont une tendance à s'effacer, à mesure que les constitutions de l'un et de l'autre sexe se rapprochent avec l'âge, et tendent à se confondre.

En général, le plumage des mâles contraste, par ses couleurs vives, brillantes, tranchées et variées, et par le riche développement de certaines de ses parties, avec celui des femelles, qui est le plus souvent terne, et mélangé de nuances moins prononcées. Il suffira de comparer celui du *Coq* et de la *Poule*, du *Canard* et de la *Cane*, du *Faisan ordinaire* et de sa femelle, et surtout la magnificence de celui du *Faisan doré* avec la modeste robe de sa femelle ; le luxe éclatant des reflets métalliques et des dessins de la robe du *Paon*, avec les couleurs ternes du plumage de la *Paone*, pour avoir une idée de ces singuliers contrastes, de ces différences sexuelles si prononcées.

Comparons encore, pour saisir ces diffé-rences, la couleur jaune d'or du Loriot mâle, relevée par le noir éclatant des ailes et de la queue, avec la noirâtre et l'olivâtre de cette dernière partie dans la femelle, le brun bordé d'un gris olivâtre de ses ailes, et le vert olivâtre de son corps.

Nous pourrions multiplier les exemples de ces différences sexuelles, parmi des Oiseaux moins connus. L'*Ampelix carnifex* de Cayenne a les ailes et une calotte sur la tête de couleur de feu, la poitrine rouge de sang et le dos rouge-brun, tandis que sa femelle

est couverte partout d'un plumage roussâtre sans vivacité et sans éclat.

Le mâle de l'*Arapungo averano* du Brésil, a le plumage du blanc le plus pur ; une partie de la peau du cou dénuée de plumes, de couleur verte, ornée de quelques soies noires, tandis que sa femelle est d'un vert terne uniforme.

On sait que ce sont les mâles, chez les Oiseaux de Paradis, qui portent aux flancs ces longs faisceaux de plumes effilées et agréablement nuancées, dont nos dames ornent leur tête. Leur plumage reflète, en général, le moelleux du velours, ou l'éclat des métaux ou des pierres précieuses ; tandis que celui des femelles n'a que des couleurs ternes.

Mais ce n'est pas seulement par les couleurs permanentes de l'âge adulte, que le plumage des mâles se distingue de celui des femelles, dans un grand nombre d'espèces.

D'autres espèces, surtout parmi les *Passereaux*, se font remarquer par des ornements extraordinaires, par un développement de certaines parties de leur plumage au moment de leurs amours, et qui le distinguent, seulement à cette époque, du plumage des femelles. Ce sont ces changements qu'on a désignés sous le nom caractéristique de *robe de noces*.

Les Gobe-Mouches ont, en hiver, le même plumage que les femelles ; mais, au printemps, les couleurs en sont plus tranchées et plus vives. Plusieurs espèces étrangères se distinguent encore par des ornements extraordinaires.

Le mâle de la *Bergeronnette jaune* ne diffère que très peu de la femelle, excepté au temps des amours et de l'éducation des petits, durant lequel les plumes de la gorge sont noires.

Les mâles des *Veuves* prennent dans les pennes ou dans les couvertures supérieures de la queue des plumes d'une longueur excessive.

Parmi les Oiseaux d'Europe, le plus remarquable, sous ce rapport, est le *Combattant*. Son plumage prend au printemps, époque de ses amours, de longues plumes de couleurs et d'arrangement très variés, qui ornent sa nuque et sa gorge, celles-ci en guise de cravate ou de fraise.

Ce n'est pas seulement par les couleurs du plumage, les proportions ou la forme de ses parties, que les mâles d'un grand nombre d'espèces d'Oiseaux se distinguent des femelles.

Des crêtes ou des caroncules, productions de la peau de la tête ou du cou, colorées en rouge ou en bleu, et plus ou moins susceptibles de développement et d'érection, caractérisent, par leur présence exclusive chez le mâle du *Condor*, ou par leur plus grand développement chez le Coq, le Dindon, le même sexe, et le distinguent encore des femelles. Le bec est généralement plus fort chez les mâles.

Ceux de plusieurs *Gallinacés* ont, dans l'éperon qui arme leur tarse, un moyen puissant d'attaque et de défense.

§ 22. Si nous étudions rapidement, sous le même point de vue, les trois classes inférieures des Vertébrés, et d'abord celle des *Reptiles*, nous trouverons encore les caractères de l'âge de Propagation, toujours manifestes dans la taille qui distingue chaque sexe, et dans les couleurs définitives que prennent les téguments chez les mâles et chez les femelles.

Cependant les deux sexes diffèrent beaucoup moins, sous ce double rapport, dans cette classe que dans la précédente.

A peine distingue-t-on une *Tortue mâle* d'une *Tortue femelle*, sinon par la forme concave du plastron chez le mâle. Les femelles, dans cette classe, comme dans celle des *Amphibies*, comme dans celles des *Poissons*, sont, à la vérité, plus fortes généralement que les mâles; soit qu'elles aient dû avoir une cavité viscérale plus spacieuse pour contenir les œufs, soit qu'elles aient eu besoin de plus de force pour protéger leurs œufs ou leurs petits, dans les cas rares où elles ne les abandonnent pas.

Les couleurs des téguments sont très différentes, chez les *Sauriens* et les jeunes *Ophidiens*, de celles des adultes; mais les couleurs définitives de l'âge de Propagation distinguent rarement les mâles des femelles, sauf qu'elles sont plus vives chez les premiers, surtout au temps des amours.

Les mâles ont d'ailleurs, chez les *Sauriens*, des goitres, des fanons, des crêtes dorsales qui manquent aux femelles.

Les *Sauriens* propres et les *Ophidiens* mâles ont la base de la queue, qui renferme les verges, plus épaisse que celle des femelles.

§ 23. La plus remarquable différence de forme et d'organisation observée dans le cours de l'existence et durant la troisième époque de la vie, est celle qui a lieu parmi les *Amphibies*, chez ceux du moins qui sont sujets à de complètes métamorphoses. Les Batraciens anoures se distinguent singulièrement du Têtard, dont ils proviennent, par la forme large et raccourcie de leur corps, par leurs quatre extrémités, par l'absence de queue, par leur vaste cavité buccale, par l'absence de branchies, par leur respiration aérienne pulmonaire, par les couleurs variées des téguments. Cette remarquable métamorphose, qui a lieu généralement à la troisième époque de la vie, celle d'alimentation, partage cette époque en deux moitiés très inégales, suivant les espèces. Lorsqu'elle est tardive, comme chez la fameuse Grenouille *Jackie* de Cayenne, elle tend à distinguer cette troisième époque, de la quatrième ou de l'âge de Propagation; tandis que cette même métamorphose, dans le *Pipa*, s'effectue, par exception, déjà au second âge ou à la seconde époque de la vie.

Les mâles des *Batraciens anoures* diffèrent des femelles par la taille, qui est beaucoup plus petite. Ils peuvent en différer par la couleur, qui est verdâtre, par exemple, dans la *Pelobates fuscus*, et grise dans sa femelle; par l'odeur, qui est celle de l'ail très fortement prononcée dans le mâle de la même espèce, odeur dont la femelle est privée; par la voix, dont l'organe est plus développé chez les mâles et d'une structure différente; par les poches accessoires situées sous leur gorge s'ouvrant dans la cavité buccale, qui servent aux modifications de la voix, chez les mâles des Grenouilles, des Rainettes et du Crapaud des joncs. Des pelotes de papilles pointues, dures et noires, arment les pouces des extrémités antérieures des mâles de ces mêmes Batraciens anoures.

Parmi les *Batraciens urodèles*, les mâles des *Tritons* se distinguent des femelles, par une crête dorsale plus ou moins prononcée. Elle l'est surtout dans le *Triton à crête*, dont la peau est ornée, à l'époque des amours, d'une bande longitudinale argentée et bordée parfois de rouge, qui se voit sur les côtés de la queue.

Tous les animaux de la famille des *Salamandres* ont d'ailleurs, sous la base de la queue, la saillie ovale dans laquelle se voit l'issue du vestibule génito-excrémentitiel, plus forte chez les mâles que chez les femelles, et différemment colorée.

§ 24. Les mâles de quelques Poissons, ce sont les *Sélaciens*, ont une paire d'appendices très compliqués, dépendant de la nageoire anale, qui manquent aux femelles.

Le développement complet de ces appendices est une marque certaine que l'animal est parvenu à l'âge où il a la faculté de se propager.

Mais on sait peu de chose sur les différences de taille, de couleur, ou sur d'autres caractères extérieurs qui appartiendraient à l'un des deux sexes, exclusivement à l'autre, et qui indiqueraient que telle ou telle espèce de Poisson est parvenue à l'âge de Propagation.

Les caractères que l'on donne de ces espèces sont généralement pris de cet âge.

§ 25. Si le type des *Animaux articulés* avait été étudié avec soin, sous le double rapport des caractères communs qui distinguent l'un et l'autre sexe, à l'âge de Propagation, et des différences qui les séparent, nous aurions sans doute bien des détails à communiquer à nos lecteurs, sur cet intéressant sujet. En voici quelques uns :

Les mâles des *Crustacés décapodes* n'ont pas seulement dans leurs appendices copulateurs des marques extérieures de leur sexe; la grande division des *Brachygastres*, a l'abdomen beaucoup plus étroit que celui des femelles, qui doit servir à l'incubation protectrice des œufs, fixés, après la ponte, aux appendices de sa face inférieure. Chez les uns et les autres, l'âge de Propagation n'a lieu qu'après un certain nombre de mues, à la suite desquelles le corps a pris le volume caractéristique de cet âge; encore ce volume est-il subordonné à l'abondance de nourriture et à d'autres circonstances physiques, qui peuvent le faire varier d'une localité à l'autre.

Les *Cyclopes*, petits Crustacés à peine visibles à l'œil nu, ne sont de même propres à la génération qu'après avoir subi plusieurs mues, à de courts intervalles de quelques jours, pour atteindre tout leur accroissement. On reconnaît les femelles, et qu'elles sont à l'âge de Propagation, aux sacs ovifères suspendus à la base de leur queue, qui

servent d'organes d'incubation. Les mâles ont une ou deux antennes pourvues d'une articulation à charnière, qui en fait un organe de préhension. Le *Cyclops castor* l'emploie pour porter contre la vulve de la femelle un flacon spermaphore, dont la composition est telle que l'eau ne tarde pas à le faire éclater.

Dans la famille des *Lernéides*, les femelles diffèrent singulièrement des mâles par leur taille relativement beaucoup plus grande et par leur corps difforme, dont certaines parties ont acquis un développement extraordinaire, tandis que d'autres sont restées rudimentaires. D'ailleurs leur sexe est reconnaissable, et leur âge de Propagation caractérisé par les sacs ovifères qui existent suspendus à l'extrémité de leur corps.

§ 26. Les mâles des *Arachnides fileuses* ont dans la forme, la grandeur et la structure de la dernière articulation de leurs palpes, et dans leur plus petite taille, des caractères extérieurs évidents de leur sexe.

Mais l'âge de Propagation n'est marqué, en général, dans la classe des *Arachnides*, que dans la taille et le nombre de huit pattes, qui a succédé à celui de six, caractères, dans certaines familles, de l'âge qui précède celui de Propagation. Le nombre des mues que ces animaux éprouvent avant cet âge, varie d'ailleurs suivant les espèces.

§ 27. Pour les *Myriapodes*, l'âge de Propagation est celui où les mues successives ont amené le nombre normal ou caractéristique de chaque espèce, des segments du corps et des pattes qui y sont attachées.

§ 28. Chez les *Insectes* sujets à de complètes métamorphoses, l'âge de Propagation se distingue de l'âge précédent de la manière la plus tranchée.

Qui ne connaît les différences énormes de forme, d'organisation et de fonctions qui distinguent la Chenille du Papillon, le Ver qui doit se transformer en Abeille, de celle-ci : la Mouche domestique de la larve, dont elle est une non moins étonnante transformation?

Pour les *Insectes*, l'âge de Propagation est le dernier de leur vie. Il se distingue encore par sa courte durée, qui correspond à celle de la plus rapide époque du rut de beaucoup d'autres animaux.

A peine le Papillon est-il sorti de sa chrysalide, qu'il se porte, par instinct, à la Propagation de son espèce, et qu'il meurt après avoir accompli cette dernière fonction de sa vie, ce but suprême de son existence, dans son état parfait.

La chenille ne s'est métamorphosée en chrysalide et celle-ci en Papillon, que pour passer de l'âge de nutrition et d'accroissement à celui de Propagation. Il en est de même du *Coléoptère*, de l'*Hyménoptère*, du *Diptère*. Dans les ordres où les transformations sont moins nombreuses et successives plutôt que rapides, la fin de ces transformations n'en caractérise pas moins l'âge de Propagation. Tels sont ceux des *Orthoptères* et des *Hémiptères*, qui prennent des ailes et les complètent pour arriver à cet âge.

On le voit, les caractères de l'âge de Propagation diffèrent beaucoup plus de ceux de l'âge précédent, dans la classe des Insectes, que dans toute autre classe.

L'Insecte dévore, se nourrit et croît sous la forme de larve; il prend deux ailes et six pattes comme *Diptère*, quatre comme *Lépidoptère*, comme *Rhipiptère*, comme *Hyménoptère*, comme *Névroptère*, comme *Coléoptère*, pour son âge de Propagation; en même temps que ses organes de génération acquièrent l'accroissement et la maturité nécessaires pour exercer leur fonction.

§ 28. Les *Annélides* paraissent devoir se distinguer, à l'âge adulte, comme la plupart de la classe des Annelés, par le nombre des segments de leur corps, qui excède toujours celui de l'âge précédent.

§ 29. Les *Cirrhopodes* qui subissent des métamorphoses se transforment dans l'âge d'accroissement indépendant, et continuent de croître dans leur forme définitive, avant d'avoir les organes de génération assez développés pour se propager.

§ 30. Dans le type des *Mollusques*, les espèces ne me paraissent différer que par le volume, dans les deux âges d'accroissement indépendant et de propagation qui se suivent.

Les sexes, quand ils sont séparés et que l'animal n'est pas hermaphrodite, diffèrent très peu dans leur taille, leur forme ou leur couleur.

J'en excepte quelques *Gastéropodes* à coquille turbinée, dont celle-ci a, dans le jeune âge, une forme et des couleurs qui la distinguent de l'âge adulte et de la forme définitive qu'elle acquiert à cet âge : telle est entre autres celle des Cyprines.

Ajoutons que ceux des animaux inférieurs de ce type, qui appartiennent à la classe des *Tuniciers* et qui ont la faculté de se propager par germe adhérent ou par bourgeons, avec celle de s'engendrer par germe libre ou par œuf, parviennent plutôt à l'âge du premier mode de propagation, qui ne suppose pas d'organes particuliers, comme celui qui doit produire un germe susceptible de se développer séparé de son parent.

§ 31. Cette dernière observation s'applique au type des *Zoophytes*, dont plusieurs classes tendent à se confondre avec celle des *Acalèphes* et des *Polypes*, pour les métamorphoses que subissent quelques familles de ces classes, et par les deux modes de propagation dont elles sont susceptibles dans les deux formes principales, qu'elles peuvent revêtir successivement, mais qu'elles ne prennent pas toujours.

L'âge de propagation par germe adhérent ou par bourgeon, arrive pour les *Sertulaires*, les *Campanulaires*, les *Corynes*, avant l'âge où ces Polypes renferment des capsules ovariennes, et produisent conséquemment des germes libres. Mais les *Campanulaires* et les *Corynes* peuvent produire aussi des Méduses, qui se détachent de la branche du Polypier à laquelle elles adhéraient, et produisent des œufs d'où sortent des larves ciliées qui se fixent pour se changer en Polypes; ou des Méduses semblables à leur mère, suivant des circonstances qui n'ont pas encore été suffisamment appréciées.

CHAPITRE V.

DES ÉPOQUES DE PROPAGATION SEXUELLE, OU DU
RUT DES ANIMAUX EN GÉNÉRAL.

Les animaux adultes, ou du moins ceux qui sont parvenus à l'âge de propagation sexuelle, à la suite du développement normal des organes de la génération, ont des époques, durant cet âge, où ils sont exclusivement propres à cette fonction, et hors desquelles ils sont incapables de la remplir, et se refusent au rapprochement des sexes. Ce sont ces époques sujettes à des retours périodiques et réguliers, qu'on désigne sous le nom de *rut*.

Le moment du rut pour les femelles coïncide avec celui de la maturité d'un ou de plusieurs ovules dans l'ovaire, et pour les mâles, avec la présence des Spermatozoïdes dans la liqueur fécondante.

C'est une période d'activité extraordinaire, de surexcitation pour les organes producteurs de l'un ou de l'autre élément du germe.

Les intermittences du rut sont les périodes de repos de ces mêmes organes.

La génération qui fait vivre l'espèce a donc ses mouvements d'action et de repos, comme toutes les autres fonctions de la vie, comme celles entre autres qui se rapportent à la vie de relation, que caractérisent la veille et le sommeil.

§ 32. *Rut des Mammifères ; différences de ses époques dans leur nombre annuel et dans la saison de leur retour régulier.*

Nous étudierons, en premier lieu, les retours et les phénomènes du rut dans la classe des Mammifères.

On n'a peut-être pas suffisamment apprécié et constaté les influences des saisons dans les divers climats où vivent les Mammifères connus, sur les diverses époques du rut, selon les espèces, et sur une même espèce cosmopolite.

Dans les climats tempérés de l'hémisphère boréal, les trois mois du printemps, ceux de mars, d'avril et de mai, sont, en premier lieu, les mois des amours de beaucoup de Mammifères, après le repos, et, chez quelques uns, le sommeil d'hiver. Ce sont les mois du premier rut, s'il doit y en avoir plusieurs dans l'année, ou du seul rut d'un certain nombre de Mammifères Insectivores, Rongeurs, Pachydermes, Amphibies quadrirèmes (les Phoques).

Cependant on peut dire qu'à chaque mois de l'année répond une période de rut de plusieurs espèces ; que toutes les saisons conséquemment peuvent servir à réveiller l'activité procréatrice de l'une ou de l'autre espèce de Mammifère.

Chez les animaux domestiques, le rut peut varier beaucoup, suivant les individus, leur genre et leur quantité d'aliments, et suivant les sexes.

Les mâles adultes deviennent aptes à engendrer presque toute l'année, et les femelles non pleines, rapprochées des mâles, ne tardent pas à entrer en rut, quand elles n'y étaient pas encore. Ici le retour régulier du rut, à certaines époques de l'année, peut être plus ou moins altéré, par les circonstances au moyen desquelles la puissance de l'homme modifie la nature des animaux qu'il a domptés.

Le rut de la *Jument* a lieu au printemps, vers la fin de mars, et peut se prolonger jusqu'à la fin de juin, suivant les individus.

Le rut de l'*Anesse* commence plus tard, au mois de mai, et dure encore en juin.

C'est aussi au printemps que le rut commence à se manifester chez les *Vaches*. On le voit le plus généralement du 15 avril au 15 juillet. Mais beaucoup d'individus entrent en rut avant et après ces époques.

Le rut du Bison est au mois de juin.

Les *Brebis* peuvent concevoir en tout temps. Cependant leur rut a plutôt lieu en hiver ; il commence déjà avec le mois de novembre et se prolonge, selon les individus, jusqu'à la fin d'avril.

Les *Argalis* (*Ovis Ammon* L.), espèce de Mouton sauvage des montagnes de l'Asie, ont leur rut deux fois l'an, au printemps et en automne ; tandis que le *Mouflon de Corse et de Sardaigne*, qui paraît être la souche de nos races domestiques, entre en rut aux mois de décembre et de janvier.

Quand les *Chèvres* sont mises en rapport avec les mâles, elles peuvent de même concevoir en toute saison. Cependant c'est dans les trois mois de septembre, d'octobre et de novembre que le plus grand nombre prend le Bouc.

L'*Ægagre* ou Chèvre sauvage a son rut en automne.

Le *Bouquetin des Alpes*, espèce rapprochée de l'Ægagre, a son rut au mois de janvier ; celui des Pyrénées l'aurait au mois de novembre.

Le *Chamois*, qui habite les mêmes montagnes, a également son rut en automne.

Le *Sanglier* a son rut au mois de janvier ou de février. Le mâle vainqueur se retire avec sa femelle dans les fourrés les plus épais, pendant un mois que dure cette époque de Propagation.

En domesticité, la *Truie* peut entrer en rut plus tôt, c'est-à-dire déjà au mois de novembre, ou plus tard et seulement au mois de mars.

On a remarqué que les différentes espèces sauvages les plus rapprochées du *Chien domestique*, telles que le *Loup* et le *Chacal*, entraient en rut, comme lui, au mois de décembre et de janvier, quel que soit le climat et le pays qu'ils habitent (1). Peut-être aurait-il fallu ajouter *dans chaque hémisphère*, puisque le Chien de la Nouvelle-Hollande a manifesté les symptômes de cette époque, à Paris, au mois de juillet, qui correspond à la saison d'hiver de cette contrée.

Le rut dure, chez les uns et les autres, de dix à quinze jours.

La gestation de la Chienne, comme celle des deux autres espèces que nous venons de nommer, ne dure que soixante jours, au plus soixante-trois. Aussi cette espèce domestique est-elle susceptible d'avoir deux portées par an et conséquemment deux ruts, l'un et l'autre dans la saison froide.

Le *Renard* n'a qu'un rut; il a lieu en hiver.

Le *Renard rouge* est entré en rut, dans nos ménageries, à la fin de février.

La *Chatte* peut avoir deux ruts, comme la Chienne : le premier déjà au mois de février, et le second en automne.

Le *Chat sauvage* a de même deux ruts, au printemps et en automne. Chaque rut dure dix jours, et la portée de la femelle dure un peu moins que celle de la Chienne; elle n'est que de cinquante-cinq jours.

Il est remarquable que deux espèces domestiques très rapprochées, le *Dromadaire* et le *Chameau*, aient leur rut à des époques très différentes : le premier aux mois de février et de mars, et le second au mois d'octobre.

On a remarqué que l'époque du rut, pour le *Cerf d'Europe*, variait suivant l'âge. Elle commence aussitôt après la mue du bois, c'est-à-dire après qu'il s'est dépouillé de sa peau. Ce moment répond à la seconde moitié de septembre pour les vieux Cerfs à la première quinzaine d'octobre pour les Cerfs de dix cors, qui sont d'un âge moyen ; elle est retardée jusqu'à la fin de ce mois pour les jeunes Cerfs, qui ont perdu leur bois, au printemps, plus tard que les premiers. Le rut du *Cerf* commence plus tôt lorsque le

(1) Voir l'article CHIEN du Dictionnaire, t. III.

printemps est précoce et dans les climats chauds : c'est déjà en août qu'il se manifeste dans celui de la Grèce.

Le *Wapiti*, ou Cerf du Canada, le *Renne*, ont leur rut en septembre ; le *Daim* l'a également en automne ; le *Chevreuil* en novembre ; le *Muntjack* en août et septembre.

La *Girafe* femelle qui a vécu près de dix-huit années à la ménagerie du Jardin du roi à Paris, y montrait tous les mois des symptômes de chaleur (1).

Celle de la ménagerie du Jardin zoologique de Londres s'est accouplée avec un mâle le 18 mars et le 1er avril 1838, et a mis bas le 10 juin 1839.

Cette même femelle a pris de nouveau le mâle vers le milieu de mars 1840, et a mis bas un petit le 26 mai 1841. La première gestation a été de 444 jours et la seconde de 431 (2).

Le rut des femelles de l'*Éléphant d'Asie* pourrait bien être mensuel, comme nous venons de le dire de celui de la *Girafe ;* du moins n'a-t-on pas remarqué qu'il y eût pour cette époque une saison particulière, puisque les femelles sauvages prises pleines, mettent bas en toutes sortes de mois. Leur gestation est de plus de vingt mois (3).

L'*Ours brun* et l'*Ours noir d'Amérique* ont leur rut au mois de juin. L'*Ours blanc* au mois d'août, puisque c'est au mois de septembre qu'il s'isole dans un trou de roche pour y passer l'hiver et qu'il y met bas, au mois de mars, ordinairement deux petits.

C'est en hiver que la *Loutre commune* éprouve la chaleur du rut.

La famille des *Phoques*, qui habite les rivages des mers les plus froides des deux hémisphères, présente des différences ou des rapports dans les époques du rut, suivant les espèces, intéressants à étudier.

Le *Phoque commun* (*Phoca vitulina* L.) a ses amours au mois de septembre, et met bas, au mois de juin suivant, un seul petit.

Celui du *Groenland* (*Phoca Groenlandica*

(1) M. Frédéric Cuvier fils, article GIRAFE de l'*Histoire naturelle des Mammifères*, publiée par son père et par E. Geoffroy Saint-Hilaire.

(2) M. Richard Owen, *Notes on the birth of the Girafe*, etc., *Trans. zool. society*, t. III, p. 21.

(3) M. Cuvier, article ÉLÉPHANT DES INDES, dans la *Ménagerie du Muséum d'histoire naturelle*, par MM. A. Lacépède, Cuvier et Geoffroy, t. I, p. 105. Paris. 1801, édit. in-12.

Fab.) s'accouple en juin. La mise bas n'a lieu qu'au mois de mars ou d'avril de l'année suivante.

Pour le *Phoque à capuchon* (*Stemmatopus cristatus* F. C.), qui habite de même les mers du Groenland, la saison des amours paraît être aussi le mois de juin, la mise bas ayant lieu au mois de mars.

Le *Phoque à trompe*, Péron et Lesueur, a été observé avec soin par ces deux naturalistes voyageurs dans les mers australes (1). Son rut a lieu dans le mois d'octobre ; ses femelles mettent bas à la fin de juin. Le premier de ces mois correspond au mois d'avril et le second au mois de décembre de notre hémisphère.

Si le *Phoque d'Anson*, Desm., qui habite la Terre de feu et les îles Malouines, etc., a sa gestation de même durée, comme cela est très probable, il doit avoir son rut dans l'été des terres australes, puisque la mise bas a lieu en hiver.

Le *Marsouin* est en rut au mois de juin dans les mers d'Islande. Ce serait au mois de mars ou d'avril que le *Dauphin* éprouverait le besoin de la propagation ; l'époque de la mise bas étant l'automne (2), et la gestation paraissant durer six à sept mois.

Si nous passons des grands *Mammifères* aux petits Mammifères, qui sont compris dans les ordres des Chéiroptères, des Insectivores, des Carnivores, des Rongeurs, nous trouverons encore plus de différences dans les rapports du rut avec les saisons, ou les mois de l'année. Ils ont, en général, des gestations courtes et proportionnées à leur petite taille. Un grand nombre d'entre eux peut avoir deux portées par an, rarement trois ou davantage.

Les *Chauves-souris* de nos climats mettent bas au mois de mai; ce qui fait supposer que leur rut a lieu au mois de mars. Le rut du *Hérisson* se manifeste au printemps et la mise bas au commencement de l'été.

Le rut de la *Taupe* commence au premier printemps et se renouvelle en été, puisqu'elle a deux portées, dont la dernière se termine en août.

La *Musaraigne de Daubenton* met bas

douze petits au printemps. Elle entre en rut à la fin de l'hiver.

La *Belette* a deux ou trois portées annuellement, et conséquemment deux ou trois ruts.

Le *Furet* en a deux aussi.

La *Fouine* a de même plusieurs ruts ; elle peut avoir des petits depuis le printemps jusqu'en automne.

On n'accorde qu'un rut à la *Martre commune* et à la *Martre zibeline*, ainsi qu'au *Putois*, qui le ressent au printemps.

Parmi les *Rongeurs*, les *Lièvres* entrent en chaleur en février ou mars ; leur portée est de trente jours, et les femelles reçoivent le mâle peu de temps après la mise bas.

Le *Lapin*, qui a six ou sept portées par an, entre en rut en toute saison.

La *Souris* a trois ou quatre portées par an, et conséquemment autant d'époques de rut.

Le *Rat noir* aurait annuellement plusieurs portées, ainsi que le *Hamster*, et conséquemment plusieurs ruts.

Le *Mulot*, le *Campagnol*, ont de même plusieurs portées nombreuses, précédées d'autant de ruts.

Le *Surmulot* met bas ses nombreux petits dès le printemps, ce qui suppose que l'époque de son rut est à la fin de l'hiver.

L'*Aperea*, ou le Cochon d'Inde à l'état sauvage, n'aurait qu'une portée et qu'un rut par an, suivant d'Azara ; mais nous pensons que cet observateur, d'ailleurs si exact, a été mal informé, puisque, réduit en domesticité, cet animal a des portées aussi fréquentes que le Lapin. « Doux, a » dit Buffon, par tempérament, dociles » par faiblesse, ils ont l'air d'automates » montés pour la génération, faits pour » figurer une espèce. »

L'*Agouti* a de même plusieurs ruts et plusieurs portées.

Parmi les *Quadrumanes*, les *Makis* ont montré les symptômes du rut au mois de décembre, qui correspond au mois de juin de l'autre hémisphère, d'où ces animaux sont originaires.

Enfin, chez les *Singes* de l'un et l'autre continents, le rut a lieu en toute saison, et se renouvelle tous les mois, chez ceux du moins qui ont pu être observés sous ce rapport.

(1) *Voyage aux terres australes*, t. II, p. 34 et pl. 32.
(2) *Histoire naturelle des Cétacés*, par M. F. Cuvier, p. 131 ; et G. Cuvier, *la Ménagerie*, etc., t. II, p. 85.

§ 34. *Retour régulier ou périodicité du rut.*

Les observations que nous avons rapportées dans le paragraphe précédent, sur les différentes époques du rut, selon les espèces; et sur les différences ou les rapports que ces époques présentent, suivant les climats et les saisons, chez les espèces d'une même famille, ou qui appartiennent à des familles différentes; ces observations, dis-je, auraient besoin d'être plus multipliées, et, dans quelques cas, plus précises, pour éclairer suffisamment ce point intéressant de la physiologie.

Le vague et les contradictions que l'on trouve, à ce sujet, chez beaucoup de voyageurs et d'historiens de la nature organisée, nous ont souvent empêché de profiter de leurs récits, pour en tirer des conclusions physiologiques incontestables, sur le degré d'influence que peuvent avoir les saisons dans la production, dans la manifestation des phénomènes du rut et dans leur retour régulier.

Cependant nous pouvons affirmer, dès ce moment, que les animaux à sang chaud, dont la chaleur propre est, jusqu'à un certain point, indépendante de la température extérieure, ne sont pas tous soumis nécessairement à l'influence des saisons et de cette température extérieure, que chaque saison amène avec elle; même dans les climats et dans les latitudes où les différences de température sont très sensibles, aux diverses époques de l'année.

Les animaux à sang froid sont, au contraire, entièrement dépendants de la température extérieure, pour les époques où ils peuvent vaquer à la propagation de leur espèce; ils s'engourdissent pendant l'hiver des climats froids ou tempérés, et ne se réveillent qu'au printemps, les uns un peu plus tôt, les autres un peu plus tard, pour remplir cette tâche de leur existence.

Mais le retour périodique du rut n'a pas pour cause unique les climats et les saisons; d'autres causes, qui tiennent à la nature même des animaux, contribuent à le provoquer.

Plus la génération est instinctive, plus elle est soumise à la périodicité.

Sans doute que cet instinct de la propagation sexuelle, qui se réveille, durant l'âge de propagation, à des époques régulières, qui cesse de se manifester et semble assoupi pendant les intervalles de ces époques, reprend son activité, commande et agite l'animal à la suite de certains changements matériels qui se sont effectués dans son organisme, après un intervalle déterminé.

Le renouvellement des époques du rut est en rapport nécessaire avec la durée de la gestation.

Il a lieu plusieurs fois dans l'année chez les petits animaux dont les portées sont courtes. Ici il paraît, jusqu'à un certain point, indépendant de la température extérieure et des saisons.

Ainsi, le *Hamster* et le *Furet* ont deux époques de rut, en mars et en juillet, et même quelquefois une troisième époque, ainsi que nous l'avons dit pour le *Furet;* et, dans ce dernier cas, l'instinct de propagation l'emportant sur l'instinct maternel, on voit la mère dévorer ses petits.

Le *Chat domestique* peut avoir trois époques de rut; la première en hiver (en janvier ou février), la seconde au milieu du printemps (en mai), et la troisième au commencement de l'automne (en septembre).

Nous venons de voir que les *Rongeurs*, tels que la *Souris*, le *Cochon d'Inde*, le *Lapin*, ont des époques encore plus nombreuses, et qu'elles correspondent à toutes les saisons de l'année; elles paraissent hors de leur influence.

Le retour du rut chez les femelles peut avoir lieu dans un temps très rapproché après la mise bas, et par conséquent durant l'allaitement.

C'est après cinq jours chez le *Lièvre;* après quinze jours chez la *Lapine;* après sept jours chez l'*Anesse;* après neuf ou onze jours chez la *Jument;* c'est vingt jours après la mise bas de la *Vache*, etc., etc.

Cette circonstance démontre que l'allaitement n'empêche pas la fécondation. Chez la femme, c'est souvent un obstacle, quoique beaucoup d'exemples prouvent qu'elle est soumise, sous ce rapport, à la loi générale.

La durée de chaque gestation, le nombre des gestations possibles par année, qui en est la conséquence, et les retours réguliers du rut chez les femelles, paraissent en rap-

port le plus intime avec la durée de l'accroissement et de la vie des animaux.

Les petits animaux, dont l'accroissement
est rapide, sont ceux qui ont, en général,
les gestations et conséquemment les époques
de rut les plus fréquentes.

Parmi ceux-ci, il faut encore distinguer
les herbivores, granivores, rhizivores, li-
guivores ou omnivores, tels que les Rongeurs, qui l'emportent sur les *Chéiroptères*,
et conséquemment sur les *Chauves - Souris*
de nos climats, ou sur les autres petits animaux de proie, pour le nombre des époques
du rut; et l'on ne peut méconnaître, dans
cette circonstance, une *loi* providentielle qui
a borné la multiplication des animaux de
proie terrestres; tandis que celle des animaux qui vivent aux dépens du règne végétal est infiniment plus étendue et proportionnée à la production des végétaux à la
surface de la terre.

Ce que nous avons rapporté sur les retours réguliers des époques du rut chez les
Mammifères et sur leur nombre annuel,
suivant les espèces, aura pu montrer que,
dans beaucoup de cas, les espèces les plus
rapprochées, qui vivent dans les mêmes
climats, ont des époques de rut et de gestation très différentes.

Ce défaut de coïncidence des époques du
rut, pour des espèces d'ailleurs peu éloi-
gnées par leur organisation, doit être compté
parmi les obstacles les plus puissants au
mélange des espèces.

D'un autre côté, un intervalle de temps
plus ou moins long ou court, indépendamment des saisons, paraît nécessaire pour que
l'organisme du mâle, ou de la femelle, ait pu
préparer de nouveau les éléments du germe
que nous avons dit être la première cause
déterminante du rut et de ses phénomènes.

Les Spermatozoïdes disparaissent de la
semence après la cessation du rut, même
chez les mâles qui n'ont pas eu de femelles,
et le volume des organes spermagènes diminue considérablement.

Chez les femelles, les ovules fécondés
ont passé dans les organes d'incubation, où
ils se développent. Chez celles qui n'ont pas
eu de mâle, ces ovules n'en sortent pas
moins de l'ovaire, à l'époque de leur maturité, après que la membrane qui constitue
chaque vésicule de Graaf qui renfermait

un ovule, lui a livré passage en se déchirant.
Il y est remplacé par une concrétion san-
guinolente inorganique, qui ne tarde pas à
prendre la couleur jaune; de là le nom de
corps jaune qu'on lui donne. Ce corps disparaît à la longue et ne laisse plus qu'une
cicatrice à l'endroit où la vésicule de Graaf
s'est déchirée pour la sortie de l'ovule.

Les femelles de Mammifères, comme
celles des Oiseaux domestiques, pondent
leurs œufs mûrs à l'époque du rut, indépendamment des approches du mâle, et même
lorsqu'elles en sont privées.

On a observé des cas rares où le rut du
Lièvre femelle a recommencé avant la mise
bas; c'est lorsque l'un des deux oviductes
incubateurs, qui ont chacun un orifice distinct dans le vagin ou le canal génital, n'a
pas reçu d'ovules fécondés. Alors l'ovaire
correspondant a pu préparer et amener à
maturité de nouveaux ovules, dont la présence dans cet ovaire suffit pour renouveler
le rut, nonobstant la gestation qui a lieu
d'un côté.

§ 35. *Durée du rut.*

Chez les animaux domestiques, les mâles
sont toujours disposés à l'accouplement. Le
rut cesse chez les femelles immédiatement
après un ou plusieurs accouplements féconds,
suivant que la portée doit être d'un ou de
plusieurs petits.

La durée du rut est donc bien différente
dans l'un et l'autre sexe, du moins à l'état
de domesticité. A l'état sauvage, cette durée
peut être courte chez les mâles comme
chez les femelles. Elle doit l'être davantage
chez les mâles qui sont monogames, et se
prolonger plus longtemps chez ceux qui
sont polygames.

L'*Axis*, ou *Cerf de l'Inde*, doit au climat
toujours très chaud qu'il habite, d'être con-
tinuellement disposé à couvrir l'une ou
l'autre de ses femelles. Ce rut prolongé a
des effets très modérés sur le caractère de
l'animal, qui ne maltraite pas ses femelles
comme le Cerf d'Europe.

§ 36. *Phénomènes physiques du rut ; changements dans les organes générateurs ;
changements dans les autres parties de
l'organisme.*

C'est encore de la classe des *Mammifères*

qu'il sera particulièrement question dans ce paragraphe.

Les ovaires, chez les femelles, ont leurs vaisseaux extraordinairement injectés de sang, à l'époque du rut. Des vésicules de Graaf paraissent à leur surface complétement développées, et en nombre égal à celui des petits par gestation. Elles sont entourées d'un réseau de vaisseaux sanguins gorgés de sang.

Les parties extérieures de la génération présentent, chez les femelles de Mammifères, le même phénomène de surexcitation, de congestion sanguine. Les muqueuses de tout l'appareil générateur, celle du canal génital en particulier, secrètent d'abondantes mucosités, qui deviennent sanguinolentes et s'écoulent par l'orifice du vestibule génito-excrémentitiel ou la vulve.

La température de tout l'appareil est plus élevée.

La coïncidence de la congestion sanguine des parties externes et moyennes de la génération avec celle qui existe dans les parties les plus profondes de cet appareil, dans les ovaires, et qui semble provoquée par la présence des ovules mûrs à la surface de ces organes, a fait considérer cette dernière circonstance comme la cause de cette congestion sanguine générale de tout l'appareil générateur, à l'époque du rut, chez les femelles des Mammifères; comme la cause de la menstruation chez la femme.

Cette manière de voir, relativement à la menstruation de la femme, a été suggérée, à ce qu'il paraît, en premier lieu à M. Négrier, puis à M. Gendrin, par plusieurs observations qui leur ont démontré l'existence de vésicules de Graaf développées à la surface des ovaires, et la congestion sanguine de ceux-ci, chaque fois qu'ils ont eu l'occasion d'ouvrir des cadavres de femme ou de filles mortes à l'époque de la menstruation.

Déjà M. F. Cuvier avait cru pouvoir saisir, dès les premières années de ce siècle, un rapport entre cette époque, chez la femme, et la périodicité mensuelle du rut chez les femelles des *Singes*. Nous avons dit que ces femelles étaient sujettes, durant cette époque, à une congestion sanguine, produisant un gonflement plus ou moins considérable de leurs parties externes de la génération,

accompagné d'un écoulement mucoso-sanguinolent.

En parlant d'une femelle de *Rhésus*, cet excellent observateur s'exprime ainsi : « Chaque » mois elle entrait en rut, et cet état se ma- » nifestait par des phénomènes particuliers. » Dans son état ordinaire, sa vulve était en- » tourée d'une large surface nue, d'une » forme trop compliquée pour être décrite, » et revêtue d'une peau basanée que de » nombreuses rides recouvraient. Dès les » premiers moments du rut, le sang s'accu- » mulait dans cette partie, et finissait, au » bout de quelques jours, par la remplir » entièrement, et par distendre, comme par » une sorte d'érection et en la colorant, la » peau flasque et lâche dont elle était revê- » tue ; bientôt après, des traces de sang se » montraient au dehors, et produisaient » une véritable menstruation. Lorsque le » rut était arrivé à ce point, le gonflement » des parties environnantes de la vulve di- » minuait graduellement, le sang rentrait, » petit à petit, dans la circulation géné- » rale, et tout revenait dans l'état ordi- » naire (1). »

Outre ce gonflement des parties de la génération, si manifeste chez les Singes, on en a découvert un à la face (2), dans un tubercule situé au-dessus de la racine du nez, qui croissait ou diminuait, suivant que l'animal s'approchait ou s'éloignait de l'époque du rut.

Observons cependant, au sujet du suintement sanguinolent des parties de la génération, chez les femelles de Mammifères, et de son analogie avec la menstruation, chez la femme, que la ressemblance n'est plus complète, et qu'elle est sujette à quelque objection, si l'on compare les phénomènes dynamiques du rut, la disposition au rapprochement des sexes que cette époque réveille chez les Mammifères, avec les effets contraires que la menstruation détermine chez la femme : la tristesse, l'abattement, un besoin de s'isoler, et une répugnance très grande au rapprochement sexuel. Mais il n'y a peut-être, dans cette objection, qu'un défaut dans la comparaison des moments précis, pour saisir la ressemblance la

(1) *Histoire naturelle des Mammifères*, article Singe, à quelu de commun, février 1810.

(2) M. F. Cuvier, dans le Rhésus femelle à face brune

plus exacte, entre l'une et l'autre série des phénomènes qui se succèdent dans les deux cas, et dans les circonstances analogues.

L'époque de la menstruation, la science actuelle le démontre, prépare la ponte des ovules mûrs, et leur sortie de la vésicule où ils se sont développés. Elle montre que le moment le plus propre à un rapprochement fécond est celui qui suit immédiatement cette époque, puisque c'est celui où les ovules mûrs sont sur le point de sortir de leur capsule nutritive, ou même celui où ils en sont déjà sortis, et cheminent-actuellement dans l'oviducte.

Nous avons vu, dans la partie historique de cet article (§ 11), que j'avais distingué, dès 1805, dans ma rédaction des *Leçons d'anatomie comparée* (t. V, p. 57, 58 et 59), les ovules, des vésicules de Graaf qui les renferment; j'avais montré que leur sortie de ces vésicules était en nombre égal, chez les Mammifères, à celui des petits en gestation, à la suite d'un rapprochement fécond des sexes. Je pensais même déjà, à cette époque, que la ponte des ovules pouvait être provoquée par les plaisirs solitaires. C'est ainsi que je cherchais à expliquer la présence des corps jaunes, qui supposent toujours cette ponte, dans l'ovaire des filles vierges. J'avais tort et raison. On ne peut supposer la sortie des ovules de leur vésicule, pour une semblable cause, que lorsqu'ils sont mûrs; et, dans ce cas, ils ne restent pas immobiles dans leur capsule; elle se congestionne, éclate, et les laisse passer dans l'oviducte, sans que l'excitation produite par le rapprochement des sexes soit nécessaire.

La ponte spontanée des ovules, ou sans les approches du mâle, chez les Mammifères, et chez la femme, à l'âge de propagation, est une doctrine démontrée, à présent, par les observations et les expériences les plus incontestables.

J'avais déduit cette ponte, dès 1805, ainsi que je viens de le dire, de la présence des corps jaunes dans l'ovaire des filles vierges. Plus tard, dans mes cours au Collége de France, après avoir démontré l'analogie de composition des ovaires d'Oiseaux et de Mammifères, et rappelé qu'à l'état de domesticité, les Poules pondent des œufs, aussi bien lorsqu'elles sont privées de

Coq, que lorsqu'elles en ont un, mais des œufs sans germe, dans le premier cas; j'ai cru devoir conclure de cette analogie de composition et de ces observations, soit des corps jaunes existant chez les filles vierges, soit de la ponte des Poules privées de Coq, soit du développement successif des ovules et de leur mouvement correspondant vers la surface de l'ovaire, que ces ovules ne s'y arrêtaient pas; qu'ils sortaient de leur enveloppe à l'époque de leur maturité, chez les femelles de Mammifères et chez la femme, comme chez les Poules; et que les unes et les autres éprouvaient une véritable ponte, aux époques de la maturité de leurs ovules, indépendamment du rapprochement sexuel. J'ai même ajouté que cette ponte spontanée devait être une des causes les plus fréquentes de la stérilité, chez la femme (1).

Cette doctrine, que j'avais enseignée publiquement en 1840 et 1841, et imprimée en 1842, a été aussi publiée, dans la même année, par M. Pouchet, professeur à Rouen (2).

Les recherches de M. Bischoff sont venues la confirmer en 1843. Ce savant physiologiste a découvert des ovules, à l'époque du rut, dans les oviductes d'une Chienne et de Lapines privées de mâles (3).

Sans vouloir rien ôter du mérite de ces expériences, qui démontrent d'une manière incontestable la précédente doctrine, je demanderai, dans ce cas, si M. Bischoff a plus fait que l'astronome de Berlin, qui a trouvé avec sa lunette, dans un point du ciel déterminé par M. Leverrier, la planète de ce nom (4)?

(1) Voir le procès-verbal de la séance du 8 octobre 1842, du congrès scientifique réuni à Strasbourg, et la *Revue zoologique* de M. Guérin Meneville, du mois de novembre de la même année.

(2) Voir son ouvrage intitulé: *Théorie positive de la fécondation des Mammifères;* Paris, 1842.

(3) Comparez la lettre de M. Bishoff, communiquée à l'Académie des sciences par M. Breschet, dans la séance du 7 juillet 1843 (*Comptes-rendus de l'Académie*, t. XVII, p. 93 et suiv.), avec la communication que j'ai faite à cette même Académie, dans laquelle j'ai cherché à exposer, en peu de lignes, l'histoire des progrès récents de la Physiologie sous ce rapport, d'un si haut intérêt.

(4) M. le rapporteur du prix de physiologie décerné par l'Académie à M. Pouchet, dans la séance publique du 10 mars 1845 (t. XX des *Comptes-rendus*, p. 609), m'accorde que, dès 1842, j'étais arrivé à des opinions semblables à celles de M. Pouchet. La justice de M. le rapporteur aurait été même plus complète, s'il se fût servi de l'expression de *doctrine*, qui aurait rendu, dans ce cas, une notion scientifique.

L'époque du rut est marquée par des changements analogues, chez les mâles, dans les organes sécréteurs du sperme; le sang s'y porte en plus grande quantité, et il en injecte fortement tous les vaisseaux. Le volume de ces glandes spermagènes augmente considérablement; et si l'on examine leur contenu, on le trouve composé, en très grande partie, de quantités innombrables de Spermatozoïdes vivants et actifs.

Les autres glandes accessoires, telles que les prostates et les glandes de Cowper, quand elles existent, sont de même en turgescence.

D'autres changements, plus ou moins marqués, se montrent dans certaines parties de l'organisme. Les poils prennent une coloration plus forte, plus de luisant. La voix prend une intensité, un timbre et des tons insolites.

Des glandes cutanées ou sous-cutanées ont une abondante sécrétion dont les produits s'écoulent au dehors ou remplissent leur réservoir. Telles sont celles du *Castor*, du *Musc*, de l'*Éléphant*, des *Antilopes*, des *Cerfs*, du *Dromadaire* ou du *Chameau;* telle est la sécrétion cutanée du *Bouc* dont l'odeur est si repoussante.

Vers le milieu de l'automne (à la fin d'octobre), les deux *Chameaux* mâles que la ménagerie du Jardins des Plantes a longtemps possédés, entraient en rut. Cette époque se manifestait d'abord par de fortes sueurs et par l'écoulement d'une matière épaisse et noirâtre des glandes de derrière la tête, qui, auparavant, ne produisaient qu'une eau roussâtre; puis venait la cessation de l'appétit et, à cette époque, ils urinaient sur leur queue, et s'aspergeaient le dos de leur urine. Enfin un amaigrissement considérable suivait leur abstinence. Durant tout ce temps, ils étaient très dangereux par leur méchanceté, cherchant à mordre et à frapper des pieds de derrière. Ils se plaisaient à manger

la litière chargée de leur urine; et, pour les soutenir, on leur donnait à boire une eau mêlée de farine et d'un peu de sel. Cet état durait environ trois mois (1).

L'époque du rut serait bien différente dans l'espèce du *Dromadaire*. C'est en février ou mars qu'il a lieu. L'animal, comme le Chameau, cesse de manger, pousse de longs hurlements et répand par la bouche une bave épaisse. Une liqueur fétide et brune suinte aussi des glandes situées derrière la tête (2).

§ 37. *Développement de l'instinct de Propagation dans les deux sexes de la classe des Mammifères à l'époque du rut. Actions variées que cet instinct détermine.*

L'instinct de propagation sexuelle ne se montre chez les animaux en général, chez les Mammifères en particulier, dont il sera question dans ce paragraphe, que lorsque les éléments du germe sont complétement développés, et rendent un accouplement fécond possible. Cet état des organes, qui réveille l'instinct de Propagation, commande à son tour les actions nécessaires pour l'accomplissement de cette fonction.

Le mâle recherche la femelle, s'il est monogame, ou une femelle après l'autre, s'il est polygame. Il éprouve un besoin impérieux de s'unir à elle. Ce besoin l'agite, altère son caractère; de doux et d'inoffensif qu'il était auparavant, il le rend parfois furieux et souvent indomptable. C'est ce qui arrive au Cerf, au Mouflon, au Dromadaire. Le Cheval entier, le Taureau domestique, chez lesquels le rut se prolonge indéfiniment, n'en sont pas moins difficiles à conduire, et souvent dangereux à approcher.

Le *Chevreuil*, qui vit habituellement et fidèlement avec la compagne qu'il s'est choisie, dès qu'il est parvenu à l'âge de Propagation, n'éprouve pas, comme le Cerf, les fureurs du rut.

Il le ressent en octobre et une partie de novembre. Son bois tombe peu de temps après.

Le *Wapiti* ou Cerf du Canada ne s'attache,

déduite, sinon d'observations directes, du moins de faits conduisant, par des raisonnements logiques, à des convictions positives. Voici, au reste, ce que m'écrivait M. Pouchet le 2 juin 1844 :

« Je consentirais très volontiers à partager cette découverte (celle de la ponte spontanée des ovules chez les » Mammifères) avec vous qui y avez beaucoup plus de droits » que ces messieurs (MM. Bishoff et Rochborski), qui ne » sont venus parler de la chose que longtemps après » nous. »

(1) M. F. Cuvier, *Hist. natur. des Mammifères*, article CHAMEAU, juin 1821.

(2) 1605.

comme le Chevreuil, qu'à une seule femelle, suivant Warden. Cependant ces paires se réunissent en troupes dont les membres sont très unis.

Un mâle de cette espèce, qui a vécu à la ménagérie du Jardin des Plantes, ressentit les atteintes du rut au commencement de septembre. Fort doux jusqu'à ce moment, il devint furieux et courait tête baissée sur ceux qui s'approchaient des barrières de son parc; il poussait à chaque instant des cris aigus. Ce rut a duré près de deux mois.

Par l'effet de cet instinct, les individus des deux sexes, de même espèce, se rapprochent et s'accouplent. Ceux, au contraire, appartenant à des espèces différentes, ne se mêlent jamais dans l'état sauvage et libre. Il n'y a que les espèces différentes soumises à l'homme et réduites à l'état de domesticité, qui consentent à se rapprocher; elles produisent des mulets qui sont absolument inféconds, ou tout au plus des individus très peu propres à la Propagation, et dont les générations subséquentes ne tardent pas à perdre cette faculté.

Chez les *Mammifères monogames*, le rut et l'instinct de Propagation qu'il fait naître déterminent l'association du mâle et de la femelle, pour le rapprochement sexuel. Chez ces mêmes monogames, à cet instinct de Propagation succède l'instinct également providentiel de l'amour des petits nés de cette union, ou l'instinct de la paternité et de la maternité, qui s'élève jusqu'à l'abnégation de sa propre existence pour la conservation de sa progéniture. Cet instinct, qui succède chez toutes les mères à un accouplement fécond, s'éveille immédiatement après la mise bas, et semble se développer au plus haut degré par l'allaitement. Il donne à la mère une force, une énergie, un courage à défendre sa progéniture; il lui suggère les moyens d'écarter tout ce qui pourrait lui nuire; il lui fait prévoir et reconnaître tout ce qui peut au contraire la sauver d'un danger prochain en l'évitant, ou d'un danger actuel en l'écartant. En un mot, il manifeste en elle une source puissante de conservation, qui prend quelquefois le caractère de l'intelligence la plus prévoyante, la plus prompte, et de l'attachement maternel le plus profond et le plus dévoué.

Comment ne pas être ému avec Alfred Duvaucel, lorsqu'il raconte qu'après avoir atteint au cœur, d'un coup de fusil, une Entelle qui allaitait, il la vit faire un dernier effort, avant de succomber, pour sauver son petit, en l'accrochant à une branche d'arbre (1)?

Opposons à cette observation précieuse celle non moins instructive, sous d'autres rapports, que Fréd. Cuvier a publiée dans le même ouvrage (février 1819, article MACAQUE).

« Le mâle et la femelle de *Macaque* se » trouvaient dans des loges contiguës et » pouvaient se voir; ils annonçaient la meil-» leure intelligence, et bientôt ils furent » réunis. L'un et l'autre étant adultes, ha-» bitués à l'esclavage et en bonne santé, » l'accouplement eut lieu, et dès lors j'eus » l'espoir que la femelle concevrait; en con-» séquence j'ordonnai qu'on la séparerait de » son mâle, *dès qu'elle paraîtrait le fuir*, ou » *dès qu'elle ne montrerait plus de menstrua-» tion*. Ces animaux vécurent ensemble en-» viron une année, s'accouplant chaque jour » trois ou quatre fois, à la manière à peu » près de tous les quadrupèdes. Pour cet ef-» fet, le mâle empoignait sa femelle aux » talons avec les mains de ses pieds de der-» rière, et aux épaules avec ses mains anté-» rieures, et l'accouplement ne durait que » deux ou trois secondes.

» La menstruation n'ayant plus reparu » vers le commencement d'août, cette femelle » fut soignée séparément, quand, dans la » nuit du 16 au 17 octobre 1817, elle mit » bas un *Macaque* femelle très développé et » fort bien portant... Cependant elle ne » l'adopta pas; il ne fut pour elle qu'un » animal étranger..... J'avais craint cette » aberration de l'instinct; je savais que chez » les animaux en esclavage, lorsqu'ils ne » sont pas soumis jusqu'à la domesticité, les » facultés de l'intelligence et de l'instinct » s'altèrent au plus haut degré.

» Le rut reparut six jours après la mise » bas.

» En janvier 1818, notre femelle *Maca-» que* fut de nouveau réunie à son mâle, qui » la couvrit le 15. Aussitôt ces animaux fu-» rent séparés, et, dans le courant de mars, » on s'aperçut que la conception avait eu

(1) *Histoire naturelle des Mammifères*, de F. Cuvier, article ENTELLE VIEUX, de février 1825.

» lieu, par le développement du ventre et
» des mamelles, quoique la menstruation
» fût toujours revenue chaque mois. Enfin,
» notre Macaque mit bas, le 15 juillet sui-
» vant, une femelle qui eut le sort de la
» première.

» Ainsi, par cette nouvelle expérience, sur
» l'exactitude de laquelle il ne pouvait s'é-
» lever aucun doute, la portée avait duré
» sept mois, comme je l'avais déjà observé
» sur une autre espèce de ce genre. »

On me pardonnera cette longue citation
pour les lumières qu'elle m'a semblé répandre sur la menstruation, qui se montre avec
le rut des espèces si rapprochées de l'homme
par leur organisation, et qui n'en est évidemment qu'un symptôme; sur sa durée nonobstant la conception, et sur la continuation
des accouplements durant cette époque.

L'extrême lascivité des *Singes*, en général,
de ceux en particulier qui font le sujet de
cette observation, fait comprendre cette dernière circonstance; il faut y joindre comme
cause l'aberration de l'instinct maternel, ou
plutôt son extinction complète, qui paraît
ici une corruption de nature, suite à la fois
de l'esclavage, comme l'exprime l'auteur
célèbre de cette observation, et peut-être
encore de l'abondante nourriture que ces
animaux recevaient.

Tandis que chez les mâles, du moins chez
ceux qui sont polygames, l'instinct de la
Propagation n'est le plus généralement qu'un
besoin physique, qui s'éteint lorsqu'il se satisfait; il s'élève généralement chez les femelles en liberté, jusqu'à ce grand devoir
d'éducation et de protection des individus
faibles, sorte de délégation providentielle,
nécessaire pour la succession des individus
et la durée des espèces.

Concluons-en que, chez les animaux, l'instinct règle impérieusement, dans l'état sauvage, les époques du rapprochement des
sexes, et qu'il les fait coïncider avec le moment où tout est préparé, dans les organes
producteurs des éléments mâle et femelle du
germe, pour que ce rapprochement soit rendu
fécond, par la réunion de ces éléments.

L'instinct de Propagation limite le rapprochement des sexes aux individus d'une
même espèce, et maintient éloignés ceux qui
appartiennent à des espèces différentes.

Aussitôt que son but est atteint, la pré-

sence des ovules fécondés cheminants vers
leur lieu d'incubation, ou déjà arrivés dans
ce lieu, les femelles des Mammifères se refusent généralement aux approches du mâle.
Les Singes, ces animaux si lascifs, font
seuls exception à cette règle, si je ne me
trompe.

Que de leçons pour l'espèce humaine, dans
cet ordre immuable, par lequel les animaux
procèdent à l'accomplissement de cette fonction, de ce but important de leur vie, qui
doit faire que les générations d'une même
espèce se succèdent indéfiniment, sans
altération et sans mélange! Ici l'instinct imprimé par le Créateur dirige et domine im-
perturbablement chaque espèce, et ne permet aucun désordre.

Dans l'espèce humaine et chez l'homme
corrompu, l'instinct providentiel de la conservation de l'espèce s'efface trop souvent
pour faire place à la sensualité.

Il peut s'élever, au contraire, chez l'homme
moral, au-dessus de l'instinct ordinaire de
Propagation, qui s'éteint aussitôt que le besoin qui l'a provoqué a été satisfait. Alors il
s'ennoblit dans les deux sexes: chez l'homme,
par l'amour de sa compagne qui devient
d'autant plus vif et plus pur, qu'il a été ex-
cité par des causes physiques et morales plus
parfaites: les grâces et la vertu.

Il redevient entièrement providentiel,
quand ce sentiment fait naître en lui le dé-
sir de la paternité.

Il s'épure de même chez la femme, lorsqu'il se confond avec l'amour maternel;
lorsqu'à la suite d'un rapprochement légi-
time, cet amour se manifeste déjà dans le
bonheur calme que donne l'espoir d'une
prochaine maternité; bonheur qui semble
reproduire celui attribué au Créateur après
la création.

§ 38. *Du rut des Oiseaux, de ses phénomènes physiques et dynamiques, des actions qu'il détermine.*

Dans les paragraphes précédents *sur les
époques où les animaux sont portés au rapprochement des sexes*, nous n'avons parlé
que des *Mammifères*. Nous avons cherché à apprécier les influences extérieures qui agissent sur eux, ainsi que les phénomènes qui se passent en eux, pour réveiller l'instinct qui porte invinciblement

les sexes l'un vers l'autre, afin de produire des générations nouvelles.

Il nous reste à considérer, sous ce point de vue, les autres classes des vertébrés et celles des trois Types inférieurs.

Commençons par la classe des *Oiseaux*.

Comme animaux à sang chaud, protégés par des téguments mauvais conducteurs du calorique qu'ils développent par leur puissante respiration, les Oiseaux ont une température indépendante du milieu qu'ils habitent. Aussi les espèces en sont-elles répandues dans les latitudes les plus froides, comme les plus chaudes du globe. Il a suffi à celles qui vivent dans les régions glacées des deux pôles, d'un plumage mieux fourni, d'un duvet plus épais, pour y supporter une température qui peut s'abaisser, en hiver, à 40° au-dessous de zéro et conséquemment à 80° degrés centigrades au-dessous de la chaleur de leur sang.

Il semblerait que cette faculté de produire et de conserver une chaleur propre aussi élevée que celle de 40 degrés centigrades, aurait dû rendre leur époque de rut entièrement indépendante des saisons; et que les exemples de certains Mammifères qui ont leur rut en hiver, devraient être bien plus multipliés dans la classe des Oiseaux.

Cela n'est pas ainsi. Un très petit nombre d'Oiseaux des climats tempérés, ou des latitudes froides, ont leurs premières amours de l'année avant la fin de l'hiver.

Le *Bec-croisé* et le *Coq de bruyère*, qui habitent les montagnes couvertes d'arbres toujours verts, dont les fruits et les feuilles leur fournissent d'ailleurs une abondante nourriture, éprouvent de très bonne heure le besoin de se rapprocher, et sentent déjà au fort de l'hiver les feux de l'amour. Le premier de ces Oiseaux fait son nid dès le mois de janvier. C'est dans les premiers jours de février que le *Coq de bruyère* entre en chaleur; mais ce moment se prolonge jusqu'à la fin de mars.

Cependant l'immense majorité des Oiseaux des climats tempérés ou des latitudes plus rapprochées des pôles, n'éprouvent qu'au retour de la belle saison le besoin de se propager.

Les mois de mars, d'avril et de mai sont ceux de la ponte des Oiseaux qui n'en ont qu'une, et de la première ponte, lorsqu'elle

doit être suivie d'une autre, ou même d'une troisième dans le cours de l'été. Il fallait que l'éclosion des petits, qui succède de si près aux amours et à la ponte, ne s'effectuât pas au milieu des frimas, que le jeune oiseau, le plus souvent dénué de plumes, n'aurait pu supporter. Il était nécessaire que ses parents pussent lui procurer la nourriture la plus appropriée à son âge, une nourriture substantielle, analogue au lait des Mammifères; et c'est pour la grande majorité des Oiseaux, même des Granivores, une nourriture animale, une proie proportionnée, par son volume, aux voies de déglutition du petit être; elle se compose généralement d'insectes, de vers, de petits mollusques nus, qui ne se montrent qu'au printemps des climats tempérés, ou des latitudes plus froides.

D'un autre côté, le repos de l'hiver, l'intervalle qui s'est écoulé depuis les dernières amours, était nécessaire à l'animal pour réparer ses forces; et aux organes producteurs des ovules ou des spermatozoïdes pour reprendre leur activité. Les ovaires ont pu développer un certain nombre d'ovules jusqu'au degré de leur maturité. Les glandes spermagènes ont atteint un volume extraordinaire qui montre que leurs innombrables canaux séminifères sont gorgés des produits élaborés de ces glandes merveilleuses.

Des signes extérieurs manifestent au dehors que ces phénomènes sont accomplis dans la profondeur des organes extérieurs.

Les mâles qui ont des parties dénuées de plumes au cou et à la tête, des crêtes, des caroncules, les ont colorées d'un rouge plus vif que de coutume et gonflées de sang; par suite de ce surcroît d'action vitale qui caractérise cette époque, où la vie individuelle doit se répandre, se partager et se continuer dans de nouvelles générations.

L'oiseau a terminé sa mue du printemps, lorsqu'il doit en avoir une de plus que celle d'automne. Le mâle s'est alors revêtu de sa parure de noces, si remarquable dans les *combattants*, les *veuves*, etc.; toujours plus ornée, chez un grand nombre d'espèces, que le plumage d'hiver après la mue d'automne.

Les Oiseaux, muets auparavant ou qui ne produisaient que des sons rauques, comme le Rossignol, font entendre des chants mélodieux.

L'instinct de propagation qui les échauffe, les éclaire en même temps d'une lumière nouvelle et leur apprend à moduler des sons harmonieux, ou bien à faire entendre au loin une voix inaccoutumée, avec le même organe duquel il ne sort, en temps ordinaire, que des sons discordants, ou qui était complétement muet auparavant. Cet appel de l'amour est toujours compris des femelles qui sont à même de l'entendre.

L'époque des amours est pour quelques Oiseaux, comme pour beaucoup de Mammifères, un moment de luttes, de combats opiniâtres, jusqu'à ce que le vainqueur dispose sans partage et sans trouble de la femelle qu'il s'est choisie. Qui n'a vu au premier printemps, dans le voisinage de nos habitations, d'ardents moineaux se précipiter à terre, dans leurs combats aériens pour la possession d'une femelle ?

Nous ne désignons pas spécialement cette époque, chez les *Oiseaux*, sous le nom de *rut*, parce que cette expression ne rappelle qu'un amour brutal, exclusivement physique ou sensuel, qui cesse immédiatement après avoir été satisfait. C'est en effet le cas de la plupart des Mammifères, pour lesquels elle est réservée.

Peu d'instants suffisent pour la fécondation des germes, d'une seule portée; après quoi, les sexes se séparent, et la femelle, seule chargée, le plus souvent, de l'éducation de la progéniture, sent développer en elle, avec l'allaitement, l'instinct si élevé de la protection nécessaire à la faiblesse de ses petits, de leur conservation à tout prix, au prix même de sa propre vie.

Chez les *Oiseaux*, au contraire, dont la plupart sont monogames, l'amour physique, non moins ardent, non moins puissant que chez les Mammifères, se complique immédiatement, dans ce cas de monogamie ou de *pariade*, de l'instinct qui fait prévoir au nouveau couple tout ce qui est nécessaire pour rendre leur union féconde et conséquemment utile. Cette union s'épure par l'amour maternel et paternel dont le sentiment puissant s'éveille en eux, et leur inspire ces actions si étonnantes, comparables à tout ce que l'intelligence et le sentiment peuvent suggérer de plus raisonnable

et de plus dévoué, pour préserver ou sauver du danger une famille qui leur est devenue plus chère que la vie.

« Dans les *Oiseaux*, » dit Buffon, cet interprète si parfait des mœurs des animaux, « il y a plus de tendresse, plus d'attache- » ment, plus de morale en amour, quoique » le fond physique en soit peut-être encore » plus grand que dans les quadrupèdes ; à » peine peut-on citer, dans ceux-ci, quel- » ques exemples de chasteté conjugale et » encore moins de soins des pères pour leur » progéniture; au lieu que dans les Oi- » seaux, ce sont les exemples contraires » qui sont rares, puisqu'à l'exception de » ceux de nos basses-cours et de quelques » autres espèces, tous paraissent s'unir par » un pacte constant, et qui dure aussi long- » temps que l'éducation de leurs petits.

» C'est qu'indépendamment du besoin » de s'unir, tout mariage suppose une né- » cessité d'arrangement pour soi-même et » pour ce qui doit en résulter. Les Oiseaux, » qui sont forcés, pour déposer leurs œufs, » de construire un nid que la femelle com- » mence par nécessité et auquel le mâle » amoureux travaille par *complaisance*, » s'occupant ensemble de cet ouvrage, pren- » nent de l'attachement l'un pour l'autre ; » les soins multipliés, les secours mutuels, » les inquiétudes communes, fortifient ce » sentiment, qui augmente encore, et qui » devient plus durable par une seconde né- » cessité, c'est de ne pas laisser refroidir » les œufs, ni perdre le fruit de leurs amours, » pour lequel ils ont déjà pris tant de soins. » La femelle ne pouvant les quitter, le mâle » va chercher et lui apporte sa subsistance; » quelquefois même il la remplace, ou se » réunit avec elle pour augmenter la cha- » leur du nid et partager les ennuis de la » situation.

» L'attachement qui vient à succéder à » l'amour subsiste dans toute sa force pen- » dant le temps de l'incubation, et il paraît » s'accroître encore et s'épanouir davantage » à la naissance des petits : c'est une autre » jouissance, mais en même temps ce sont

(1) *Discours sur la nature des Oiseaux.* Nous aurions voulu transcrire ici toute la partie de ce discours qui concerne les amours des Oiseaux, tant les idées en sont justes et propres à faire apprécier cette nature des Oiseaux, qui devient si intéressante à connaître sous un pareil guide. Nous y renvoyons le lecteur.

» de nouveaux liens ; leur éducation est un
» nouvel ouvrage auquel le père et la mère
» doivent travailler de concert.

» Les Oiseaux nous représentent donc
» tout ce qui se passe dans un ménage hon-
» nête ; de l'amour suivi d'un attachement
» sans partage , et qui ne se répand ensuite
» que sur la famille. »

Il est piquant de voir M. le comte de
Buffon continuer ainsi : « Tout cela tient,
» comme l'on voit, à la nécessité de s'oc-
» cuper ensemble de soins indispensables
» et de travaux communs ; et ne voit-on pas
» aussi que cette nécessité de travail ne se
» trouvant chez nous que dans la seconde
» classe, les hommes de la première pou-
» vant s'en dispenser, l'indifférence et l'in-
» fidélité n'ont pas manqué de gagner les
» conditions élevées? »

Les amours des Oiseaux se réveillent dans
un certain nombre d'espèces de nos climats,
pour une seconde , très rarement pour une
troisième ponte.

La plupart des *Picæ* de Linné , qui comprennent , avec les Grimpeurs de Cuvier ,
une partie des *Passereaux*, tels que le groupe
des *Syndactyles* et les *Corbeaux*, font deux
pontes par année. Il faut encore joindre à
ces Oiseaux à pontes multiples, les *Linottes*,
dont on trouve des nids avec des œufs , en
mai, juillet et septembre ; les *Chardonne-
rets*, qui font deux ou trois pontes ; les
Serins des Canaries, qui peuvent produire ,
en domesticité , jusqu'à trois couvées ;
l'*Alouette*, qui en produit autant dans les
pays chauds, et deux seulement dans nos
climats tempérés; les *Ramiers*, les *Tourte-
relles*.

La domesticité peut augmenter singulièrement ce nombre, par l'abondante nourriture, les abris contre les intempéries, et la
vie sédentaire. Les *Pigeons mondains* produisent presque tous les mois de l'année,
pourvu qu'ils soient en petit nombre dans
la même volière (1).

On a remarqué que ces Oiseaux à pontes
doubles ne se livrent à de nouvelles amours
et à une troisième, ou même à une quatrième
ponte, que lorsqu'on leur enlève leurs œufs.
Ces pontes subséquentes dépendent donc,
en quelque sorte, de la volonté de l'Oiseau.
Il démontre, par un nouveau produit, que

(1) Buffon, *Hist. natur. du Pigeon.*

sa puissance génératrice n'était que suspen-
due et point épuisée (1), qu'il ne se privait
du plaisir qui l'accompagne que pour sa-
tisfaire au devoir instinctif, encore plus
puissant, du soin de sa famille.

Cet instinct de conservation et de protection avait comprimé la passion de
l'amour, qui s'est réveillée aussitôt après
qu'il n'a plus eu d'objet pour l'entretenir.

Les organes au moyen desquels le mâle
fait passer dans l'oviducte de sa femelle les
quelques gouttes de semence et les machines animées que ces gouttes renferment,
sont chez la plupart des Oiseaux d'une simplicité remarquable.

C'est le vestibule commun dans lequel
les urines et les fèces alimentaires viennent
aboutir, dans d'autres moments, où les conduits de la semence ont aussi leur issue.
C'est dans ce même vestibule que l'oviducte
unique des Oiseaux a son embouchure. Il
suffit, pour la fécondation, d'un abouchement, d'un contact instantané de l'orifice
extérieur du vestibule du mâle, avec celui
de sa femelle.

Quand la copulation se prolonge, c'est
dans les cas rares où il existe, par exception,
une verge conductrice ou simplement ex-
citatrice, comme dans la famille des *Ca-
nards* , parmi les Palmipèdes ; chez la
Cigogne, parmi les Échassiers ; chez les
Autruches et le *Casoar ;* le *Tisserin alecto* et
le *Républicain* (*Loxia socia*) parmi les Passereaux.

§ 39. Nous avons déjà indiqué, en parlant de l'âge de propagation (§ 22, 23 et
24) , une partie des caractères physiques
qui distinguent à cet âge, et même aux époques du rut, les Vertébrés à sang froid.

Il nous resterait à parler du rapport de
ces époques avec les saisons, de leur renouvellement régulier, de leur durée et des
actions que le rut détermine chez ces animaux. Nous réunirons , dans ce paragraphe
et les suivants, quelques traits de toutes ces
circonstances concernant les *Reptiles*, les
Amphibies et les *Poissons*.

Comme animaux à sang froid , ceux qui
font partie de ces classes sont dépendants ,
sous le rapport de leur époque de propagation
ou de leur rut , de la température du milieu qu'ils habitent, l'air ou l'eau.

(1) Buffon, Discours cité sur la nature des Oiseaux.

Ceux de nos climats n'ont qu'un seul rut dans l'année.

Les *Reptiles* en particulier, dont nous nous occuperons en premier lieu, ne sont portés à la propagation que sous l'influence de la douce température du printemps; et leur époque du rut est retardée ou avancée, suivant que la saison est précoce ou tardive.

On a vu, à la vérité, en 1841, à la ménagerie du jardin des Plantes, une femelle et un mâle de *Pithon à deux raies* s'accoupler à plusieurs fois réitérée, du 22 janvier jusqu'à la fin de février; mais, dans ce cas, la température élevée du local où ces animaux étaient conservés et celle de la caisse où ils étaient renfermés les maintenait sous l'influence de la température du climat de l'Inde, d'où ils sont originaires. Leur rut répondait aux mois de juillet et d'août de ce pays.

Les mâles des *Sauriens* et des *Ophidiens* ont des couleurs plus vives au moment du rut; la base de la queue qui renferme la verge et l'orifice du vestibule génito-excrémentitiel, sont plus gonflés, plus proéminents.

Les mâles et les femelles des *Chéloniens* et des *Crocodiliens* ont pour organe d'accouplement ce vestibule. Son orifice extérieur est placé sous la queue, à quelque distance du tronc; cet orifice est arrondi, ou longitudinal, et il indique, par cette forme, que l'animal n'a qu'une verge.

Le vestibule génito-excrémentitiel renferme les deux embouchures des ovaires et un clitoris chez les femelles, ou les orifices des canaux déférents et la verge du mâle, à la base de laquelle répondent ces orifices. Cette verge unique est toujours lisse et non armée d'épines.

Chez les *Sauriens ordinaires* et chez les *Ophidiens*, ou dans notre sous-classe des *Saurophidiens*, le même orifice extérieur du vestibule, placé également sous la base de la queue, est transversal. Il sort de l'intérieur de chaque commissure de cette fente, pour l'instant de l'accouplement, une verge à un ou plusieurs lobes, le plus souvent hérissés d'épines, qui se déroule comme un gant, de dessous la queue, où elle est située dans l'état de repos.

Que la verge soit simple ou double, elle devient dans l'un et l'autre cas un organe

excitateur et un organe conducteur de la semence, que le mâle introduit dans le vestibule de sa femelle, pour la fécondation intérieure des ovules dans l'ovaire, comme chez les Oiseaux.

Mais il y a, relativement à la durée de la copulation, entre ces deux classes, toute la différence que devait produire le sang chaud, l'activité excessive, la rapidité des sensations et peut-être la vivacité d'imagination et de sentiment d'un côté; et de l'autre le sang-froid, la lenteur des mouvements, la faiblesse des sensations tactiles et les difficultés qui en résultent pour élever au degré nécessaire à l'éjaculation, chez le mâle, la surexcitation de l'appareil génital.

Un rapprochement très passager, le contact rapide des orifices vestibulaires mâle et femelle, l'abouchement qui en résulte, suffit au plus grand nombre d'oiseaux qui sont dépourvus de verge, pour la fécondation, pour transmettre, du vestibule du mâle dans celui de la femelle, le sperme nécessaire à cet effet.

Chez les *Reptiles*, le rapprochement des sexes est au contraire fort long.

Il peut être précédé de combats acharnés entre plusieurs mâles.

M. Bibron a vu plusieurs fois, pendant son séjour en Sicile, deux mâles de la Tortue grecque se disputer la possession d'une femelle avec un acharnement incroyable (1).

L'accouplement des *Chélonés*, ou des Tortues de mer, durerait, suivant quelques voyageurs, jusqu'à quatorze jours et même beaucoup plus, et s'effectuerait dans l'eau. La difficulté de ces observations faites en mer peut faire douter de leur exactitude.

Chez les *Crocodiliens*, les *Sauriens ordinaires* et les *Ophidiens*, l'accouplement ne peut se faire que face à face.

Les *Ophidiens* s'enlacent réciproquement dans les replis multipliés de leur corps et forment ainsi un véritable caducée. Ils restent plusieurs heures dans cette attitude.

Les mâles des *Reptiles* ne paraissent prendre généralement aucune part aux soins des œufs ou des petits, dont l'instinct maternel seul a la charge, lorsque le rut a cessé et que la ponte doit lui succéder. Il inspire à la femelle le meilleur choix du lieu propre

(1) *Erpétologie générale*, par MM. C. Duméril et G. Bibron, t. II. p. 56.

à l'incubation de ses œufs et à l'éclosion des petits (1).

§ 40. Les *Amphibies* de nos climats sont, de même que les Reptiles, généralement soumis, pour l'époque de rut, au retour de la belle saison.

Le *Crapaud commun*, la *Grenouille rousse*, ont leur rut de très bonne heure, au mois de mars. Le *Crapaud brun* (*Pelobates fuscus*) aux mois de mars et d'avril; la *Grenouille verte* aux mois d'avril et de mai. Chez l'*Alytes accoucheur*, très sensible au froid, le rut est retardé quelquefois jusqu'en juin.

La fécondation, chez tous les *Batraciens anoures*, a lieu à l'instant même de la ponte; elle est donc extérieure. Cependant le mâle et la femelle s'accouplent.

Le mâle se place sur le dos de sa femelle, la saisit et l'etreint par ses extrémités antérieures, lui enfonce dans la peau les papilles dures dont ses pouces sont armés à leur base, et reste dans cette position pendant très longtemps.

En effet, cet accouplement dure deux ou trois jours pour les *Rainettes*; huit jours pour la *Grenouille verte*; dix, jusqu'à quatorze jours, pour le *Crapaud commun*.

Pendant ce temps les ovules passent de chaque ovaire dans l'oviducte correspondant; ils y prennent successivement les enveloppes qui en font des œufs complets, et les parties qui les attachent les uns aux autres, et les arrangent de plusieurs manières suivant les espèces.

Dans les Grenouilles et les Crapauds, ce n'est que vers la fin de l'accouplement que la ponte commence; elle s'opère lentement, quelquefois avec le secours du mâle (chez le *Crapaud accoucheur* et le *Pelobates brun*) qui tire peu à peu au dehors le double chapelet d'œufs que renferme l'extrémité de l'oviducte de sa femelle, et l'arrose à mesure de sa semence. Nous avons dit ailleurs (article OVOLOGIE) que ce même Crapaud accoucheur s'attachait les œufs autour des jambes et les conservait jusqu'à leur éclosion.

L'accouchement se fait généralement dans l'eau, même celui des *Rainettes*. Il n'y a parmi les animaux de ce groupe d'Amphi-

(1) Voir, à notre article OVOLOGIE, la partie de l'Exogénie concernant l'incubation.

bies, de notre pays, que le *Crapaud accoucheur* qui reste à terre.

Roesel a vu le *Crapaud sonneur* (*Bombinatorigneus*) rester huit jours accouplé à sa femelle avant la ponte, qui ne dura que treize heures, et pendant laquelle il sortit successivement douze paquets de vingt à trente œufs, que le mâle arrosait à mesure de sa liqueur séminale. Le mâle de cette espèce, comme celui du *Pelobates brun*, saisit sa femelle par les lombes, avec ses pieds de devant. C'est par dessous les aisselles que les autres espèces s'embrassent. Les étreintes sont si fortes que les femelles en sont souvent blessées.

Les *Batraciens urodèles* peuvent être ovovivipares : telles sont les *Salamandres terrestres*. Il faut alors que la fécondation soit intérieure et qu'il y ait rapprochement des sexes, ainsi qu'on l'a constaté pour la *Salamandre noire*.

Les *Tritons*, qui sont séparés, doivent aussi se féconder par rapprochement, à en juger par la composition de leurs œufs, au moment de la ponte; composition qui est bien différente de celle des Batraciens anoures, et qui me paraît impropre à l'imprégnation.

La présence d'une verge chez les *Tritons*, l'existence si particulière et le développement extraordinaire des prostates, chez ces Amphibies, de même que chez les *Salamandres*, dont l'humeur abondante doit servir à délayer la semence, m'ont fait penser que, chez les uns et les autres, la fécondation était intérieure et précédée d'un accouplement.

Cependant M. Rusconi, et d'autres naturalistes célèbres, ont adopté l'opinion contraire; ils disent avoir vu le mâle répandre sa semence dans l'eau, pour être absorbée par l'orifice du vestibule de la femelle. Je ne doute pas de l'exactitude de la première observation, la perte de semence des mâles, qui montre son abondance et l'activité du rut; mais je pense que, dans ce cas, elle est perdue pour la fécondation.

Le rut des *Tritons*, qui a lieu au printemps, se renouvelle au mois de juillet et nous paraît devoir durer fort longtemps chez les mâles.

J'ai trouvé au mois de décembre dernier les testicules d'un mâle de *Triton ponctué*, plein de spermatozoïdes très vivants. En ce moment, 18 octobre, j'ai plusieurs *Tritons à crêtes*, avec la bande d'argent sur les côtés de la queue, qui caractérise leur époque du rut, et j'ai vérifié chez l'un la présence des spermatozoïdes dans ses glandes spermagènes.

Dans les observations que j'ai eu l'occasion de faire, en 1844, sur le développement de ces machines animées, j'ai observé qu'il avait lieu successivement et non simultanément, dans les différentes parties de la glande; qu'elle soit divisée profondément en plusieurs lobes, ou qu'elle reste entière et sans division. Ce développement lent et successif me paraît expliquer la longue durée du rut chez ces animaux.

§ 40. *Époque du frai des Poissons; caractères physiques qui distinguent, à cette époque, les mâles des femelles.*

L'époque du rut ou du frai des *Poissons* est aussi une époque de rapprochement des deux sexes, pour les espèces, du moins, qui ne vivaient pas habituellement en société. Ce rapprochement, à la vérité, ne va pas jusqu'à la copulation, excepté chez un petit nombre de Poissons vivipares ou même ovipares (mais pour ceux-ci parmi les *Sélaciens* seulement), chez lesquels la fécondation est intérieure.

Chez les autres *Poissons*, et c'est l'immense majorité, les mâles accompagnent ou suivent de près les femelles, réunis par paires ou en troupes nombreuses; ils semblent choisir, avec elles, les lieux les plus propres à la ponte et à la fécondation des œufs; ils entreprennent ensemble des voyages considérables dans ce but, et montrent, dans quelques espèces rares, un instinct prévoyant et conservateur de leur progéniture, en même temps que l'instinct sexuel de la Propagation.

Les Poissons, comme les autres Vertébrés à sang froid, sont soumis à l'influence des saisons pour le moment de leur Propagation, et n'ont généralement, dans les races des pays froids et tempérés, qu'une seule ponte ou une seule gestation par an.

A l'égard de ceux qui vivent dans les mers ou dans les eaux douces de la zone torride, je ne connais pas d'observations qui apprennent qu'ils aient annuellement plusieurs époques de rut et plusieurs pontes; ce qui ne serait pas étonnant si l'on ne considère que les effets de la température élevée des eaux de cette zone, toujours favorable au développement des germes et de leurs éléments, dans l'un et l'autre Règne.

Mais, si l'on réfléchit que chaque frai se compose, pour les femelles, d'une quantité souvent innombrable d'œufs, et, pour les mâles, de la proportion de laite ou de sperme nécessaire à la fécondation de ces œufs, à travers les masses d'eaux qui les baignent, on en conclura qu'une même mère ou qu'un même père n'ont pas trop d'une année pour préparer la vie d'un aussi grand nombre de germes. Ils sont généralement maigres et décharnés après le frai, et ils doivent avoir besoin de beaucoup de temps pour se refaire et pour former ou développer les éléments de la génération qui suivra immédiatement.

L'époque du rut ou du frai d'une même espèce peut être retardée ou avancée, suivant les localités plus froides ou plus chaudes qu'elle habite.

Parmi les Poissons d'eau douce, la *Perche* fraie, dans la Seine, au mois d'avril. C'est aussi au même mois dans les eaux peu profondes du Nord, et, plus tard, suivant Bloch, dans celles où il y a plus de fond. Le *Chabot de rivière* fraie dans la Seine en mai, juin et juillet, tandis que sur les bords du Rhône, près de Genève, c'est déjà au premier printemps. Les *Épinoches* sont en rut en mai et en juin; les *Carpes* de même; les *Brèmes* en avril, mai et juin. On a remarqué, comme pour les Cerfs, que ce sont les plus vieilles qui entrent en rut les premières, et les plus jeunes les dernières.

La *Bordelière* dépose ses œufs et sa laite aux mois de mai et de juin.

La *Tanche* et l'*Ablette* au mois de juillet. Le *Gobie fluviatile* à la fin de mai et durant le mois de juin, dans les eaux douces de la Lombardie; la *Finte* de ces eaux douces, à la même époque; le *Goujon* en juillet.

L'*Éperlan* entre dans les fleuves, en automne, pour y déposer son frai. Dans la Seine, il fraie un peu plus tôt sur les premiers bas-fonds qu'il rencontre; un peu plus tard, dans les parties plus élevées du fleuve vers lesquelles il a dû remonter.

C'est aussi en automne que le *Saumon* remonte le Rhin et ses affluents pour y frayer. En général, les espèces nombreuses de cette famille ont leur époque de frai dans l'arrière-saison. Les *Truites* pondent leurs œufs par une température très basse. M. Vogt, qui a suivi le développement de la Palée (*Corregonus palæa*, Cuv.), espèce de cette famille qui vit dans le lac de Neuchâtel, après avoir réussi de féconder artificiellement les œufs de ce Poisson, dit que la température la plus favorable à ce développement est de $+ 4°$ à $+ 8°$ R. Il a même fait l'observation intéressante que la glace dans laquelle ses œufs en observation ont été pris quelquefois pendant la nuit, n'avait pas empêché, mais seulement retardé, la marche du développement des fœtus.

Les époques différentes du rut ou du frai des Poissons montrent que d'autres causes que celles de la température extérieure agissent, comme par exception, sur certaines familles, ainsi que nous en avons vu des exemples parmi les Mammifères et les Oiseaux, pour les faire arriver régulièrement à l'époque de leur rut, mais dans des saisons insolites pour le grand nombre des autres familles.

La *Blennie vivipare* a de même ses amours dans la mer Baltique, seulement au mois de septembre, et elle ne met bas ses petits qu'au mois de janvier suivant, ou vers la fin de décembre au plus tôt.

On a vu à l'article ANGUILLE (1), par M. Valenciennes, que les pêcheurs de la basse Seine pensent que ce poisson fraie une première fois à la fin de février ou au commencement de mars, et une seconde fois au mois de septembre : cette circonstance exceptionnelle d'un double frai annuellement aura besoin d'être confirmée.

La *Lamproie marine* se pêche régulièrement dans le Rhin, au mois de mai. J'ai trouvé à cette époque les ovaires chargés de petits œufs remplis de petites capsules de sperme; cependant Baldner indique déjà le mois d'avril comme celui où ce poisson pénètre dans les affluents du Rhin pour y déposer ses œufs : ce frai précoce était sans doute la suite d'un printemps également précoce.

Parmi les innombrables Poissons de mer qui y déposent leur frai, qui choisissent pour cela, avec un admirable instinct, les

(1) Tome I, page 501, de cet ouvrage.

eaux peu profondes et peu agitées des golfes, des baies, des anses, des bas-fonds en général, où la lumière et la chaleur, une eau plus aérée, favorisent la fécondation et le développement de leurs œufs, nous ne citerons qu'un petit nombre d'exemples.

C'est à la fin de l'été ou au commencement de l'automne que les *Bars* s'approchent, dans l'Océan, de nos côtes méridionales, pour y déposer leurs œufs; choisissant pour cela des anses où il se jette quelque ruisseau d'eau douce (1).

Les *Harengs*, dont les troupes innombrables arrivent des mers du Nord, suivent, entre autres, du nord au midi, au mois d'octobre, les côtes occidentales de l'Allemagne, de la Hollande, de la Belgique et de la France, où ils déposent leur frai.

Les *Maquereaux* arrivent, pleins d'œufs ou de laite, sur les côtes de Normandie, dès la fin de mai. On en pêche pendant tout le mois de juin et une partie du mois de juillet. Ceux pris au mois d'août sont vides. Leur frai a lieu aux mêmes époques dans la Méditerranée.

Dans la mer Noire, il en passe de grandes troupes pleins d'œufs et de laite, dès le printemps et durant l'été.

Les *Thons*, si nombreux dans la même mer, et dont la pêche est si productive, paraissent en avril et dans les premiers jours de mai sur les côtes de Sicile.

En général, ils ont, dans cette mer et dans la mer Noire, des allées et venues avant et après le frai, dont les époques précises et les directions, déjà signalées, en partie, par Aristote, ont été étudiées avec un soin particulier dans l'intérêt commercial. Il en résulte que ces Poissons entreprennent, dans la saison convenable, des voyages réguliers, mais moins étendus qu'on ne l'avait supposé, pour choisir le lieu le plus propice à la ponte, à la fécondation et au développement de leur progéniture. Ils retournent, après cette époque, dans leur lieu d'habitation ordinaire.

Nous ne pouvons manquer de montrer ici l'instinct prévoyant et conservateur, qui agit en faveur de l'espèce, et semble dominer, dans cette classe, toutes les actions qui la poussent à sa propagation.

Pour les femelles pleines, l'époque de ma-

(1) Cuvier, *Hist. natur. des Poissons*, t. II, p. 56.

turité des œufs est un terme de grossesse très embarrassant, qui semble développer l'instinct maternel plutôt que l'amour. On comprendra facilement cet embarras, lorsqu'on saura qu'une *Perche* pesant un kilogramme peut avoir un ovaire d'environ le quart de ce poids et renfermant 281,000 œufs, suivant un observateur, ou même près d'un million, d'après un calcul cité par M. Cuvier (1).

Cet instinct maternel les éclaire sur le choix le plus convenable pour la fécondation et la conservation des œufs et des petits qui en sortiront.

Les mâles paraissent généralement dirigés surtout par l'instinct sensuel de la propagation. Cet instinct se développe à l'instant d'un véritable rut, que détermine la présence dans leur glande spermagène d'une proportion abondante d'un sperme dense, composé de quantités incalculables de Spermatozoïdes.

Aussi leur animation, la plus grande vivacité de leurs couleurs, les tubercules dont leur peau se couvre, dans quelques espèces, se montrent-ils chez eux comme des symptômes du rut, analogues à ceux que nous avons signalés dans les autres classes des Vertébrés, et qui caractérisent la surexcitation de cette époque.

Nous avons vu les mâles des *Épinoches* se parer des nuances vives de jaune doré, d'orangé et de rouge, qu'ils n'avaient pas avant leur rut, et qui contrastent avec les couleurs ternes de leurs femelles.

On sait que les mâles de beaucoup de *Cyprins* (entre autres, du Rotangle, du Nase, de la Dobule, de la Brême) et ceux du *Saumon* prennent de petites excroissances, dures, sur les écailles, à l'époque des amours (2).

Chez les Poissons qui s'accouplent, ou du moins qui ont un rapprochement intime pour une fécondation intérieure, les organes qui contribuent à cet accouplement, comme les appendices si singuliers de la nageoire anale des *Sélaciens* et des *Chimères*, éprouvent une congestion sanguine, qui nous a paru un des caractères de leur rut.

La surexcitation de cette époque pourrait bien être la cause de la température élevée

au-dessus de celle de la mer, que M. J. Davy a trouvée chez plusieurs Poissons de la Méditerranée.

§ 41. *Rapprochement des sexes pour la propagation; les deux instincts; celui des soins de la progéniture et de la génération déterminent les actions de l'un et l'autre sexes, ou de tous les deux séparément.*

Partout où les femelles de la nombreuse sous-classe des Poissons osseux vont déposer leurs œufs, il y a des mâles qui les fécondent aussitôt, en laissant échapper leur laite, qui descend avec ces œufs dans la même eau, ou qui s'y précipite à leur suite.

Lorsque ces Poissons s'apparient, ils creusent ensemble dans le sable, ou seulement le mâle ou bien la femelle, des fosses plus ou moins profondes, où cette dernière dépose ses œufs, et sur lesquels le mâle répand sa laite. Immédiatement après, l'instinct de la conservation de la progéniture qui en sortira leur apprend à les recouvrir d'un peu de ce même sable, et à les y cacher. C'est ainsi qu'agissent les *Truites*. On a vu le mâle du *Saumon*, qui avait remonté avec sa femelle jusque dans l'un des affluents rocailleux du Rhin, creuser un trou profond avec sa queue, en écartant de grosses pierres; puis sa femelle s'y coucher de côté pour y pondre ses œufs, que le mâle, dans la même position, le ventre tourné contre celui de sa femelle, arrosait à mesure de sa laite; cette opération terminée, il les recouvrait immédiatement (1).

Les *Anguilles*, mâle et femelle, auraient même un rapprochement plus intime, dans lequel leurs corps s'enlaceraient face à face d'une manière analogue à celui des Serpents; ce contact, et les mouvements, la compression réciproque qu'il permet, provoquent la sortie simultanée des œufs et de la laite, et facilitent la fécondation, qui s'opère dans un terrain vaseux (2).

Quand la copulation doit être encore plus intime, et c'est le cas de tous les *Poissons vivipares* et de quelques *Sélaciens ovipares*, dont la fécondation est intérieure, l'instinct de Propagation reprend tout son empire sur l'un et l'autre sexe, et détermine leur rap-

---

(1) *Hist. natur. des Poissons*, t. II, p. 26.
(2) *Hist. nat. de l'Eperlan*, par J.-B.-J. Noël. Rouen, fructidor an VI.

(1) Johannis Hermann. *Observationes zoologicæ, pars prior*, p. 311. Argentorati et Parisiis, 1804.
(2) Voir l'article ANGUILLE, déjà cité, de ce Dictionnaire.

prochement intime. Ce rapprochement ne peut se faire que face à face pour l'application réciproque de l'orifice interne de chaque vestibule, et l'introduction de la verge du mâle, quand elle existe (1).

Chez les *Chimères*, dont les oviductes ont leur orifice à l'extérieur, de chaque côté de celui du vestibule, la copulation doit se faire successivement, par l'un ou l'autre de ces orifices.

Les *Poissons osseux* vivipares, tels que les espèces du genre *Clinus*, Cuv., peuvent avoir une papille cylindrique, creuse, dans laquelle aboutissent les canaux déférents. Cette papille sert à verser la semence dans l'orifice commun des oviductes de la femelle; elle paraît même pourvue de muscles et d'un tissu érectile, comme une véritable verge, dans le *Clinus superciliosus* Cuv. (2).

Cependant le *Zoarcès vivipare* et les *Pœcilies* n'ont aucun organe particulier pour la fécondation, et celle-ci ne doit s'opérer que par le rapprochement des orifices externes des organes génitaux.

Nous avons exprimé que l'instinct de la conservation des œufs, avec le besoin de s'en débarrasser, paraissait diriger presque seul les actions des femelles de la plupart des Poissons ; que le mâle de quelques espèces, qui se réunissent par paires à l'époque du rut, partageait avec sa femelle le soin de la conservation des œufs et du lieu le plus convenable pour le développement des fœtus, qu'il arrange à cet effet.

Mais nous n'avons pas encore fait connaître les exemples rares de cet instinct maternel, confié aux mâles exclusivement, et les actions remarquables qu'il leur inspire.

On dit que le *Chabot de rivière* garde, jusqu'à ce qu'ils soient éclos, les œufs de la femelle qu'il a rendue féconde.

Celui d'une espèce de *Gobie* ou de Boulereau des lagunes de Venise construit un nid avec des fucus, féconde les œufs que plusieurs femelles viennent y déposer, garde et défend ces œufs, et soigne encore les petits lorsqu'ils sont éclos. Ces faits si insolites, déjà connus d'Aristote, qui avait nommé *Phycis* ce poisson constructeur de

nids, ont été révélés de nouveau au monde savant par feu Olivi.

Nous avons déjà dit, d'après M. Hancock, que plusieurs espèces de Poissons de la famille des *Siluroïdes*, habitant les eaux douces de l'Amérique méridionale, avaient l'instinct de se construire un nid (1). Le mâle aide sa femelle, avons-nous ajouté, à faire auprès de ce nid une garde attentive, jusqu'à ce que les petits soient éclos.

Le même instinct maternel transmis aux mâles, à l'exclusion pour ainsi dire des femelles, a été observé chez les *Épinoches*. Les premiers, au temps de leurs amours, ont l'admirable instinct de construire avec art un nid, en employant de petits brins d'herbes, de petites racines et même de petits cailloux pour l'assujettir. Le nid achevé, le mâle, qui en a été l'architecte unique, choisit une des femelles prêtes à pondre, l'excite par ses agaceries, la conduit à son nid, lui en montre l'entrée et provoque la ponte par ses attouchements.

Aussitôt qu'elle est terminée et que sa femelle est sortie du nid et lui a fait place, il se hâte d'y entrer à son tour, pour féconder de sa laite les œufs qui viennent de lui être confiés.

Comme les *Gobies* des lagunes de Venise, il les garde et les défend (2).

Dans un ordre entier de cette classe, celui des *Lophobranches*, la plupart des mâles portent les œufs dans une poche sous-caudale, analogue à celle des femelles de Sarigue, dans laquelle ces œufs sont fécondés et conservés jusqu'à l'éclosion. On assure même que ce soin maternel des mâles se prolonge au-delà de ce terme, et que les petits reçoivent encore, pendant les premières semaines après leur naissance, les soins extraordinaires de la sollicitude paternelle.

D'autres *Syngnathes* les collent en quinconce sous leur ventre, et ce serait encore sous celui du mâle, suivant d'imposantes autorités (3).

Ce que nous venons de dire du rut ou du

---

(1) C'est ce qui paraît avoir lieu pour le *Squale pèlerin*.
(2) M. Valenciennes, dans l'*Hist. natur. des Poissons*, ouv. cité, t. XI, p. 363.

(1) Voir t. IX, p. 183 de ce Dictionnaire ; il faut lire : Dans lequel la femelle dépose ses œufs en pelotons aplatis et les couvre; au lieu de : et *les couve*.
(2) Voir ce que nous avons déjà publié à ce sujet, t. IX, p. 281, et corriger les citations ainsi qu'il suit : t. XXII, p. 815, et t. XXVI, p. 333, 1085 et 2116.
(3) MM. Ekstroem, Ratzius et de Siebold ; voir notre article cité, p. 284.

frai des *Poissons* suffira pour montrer toutes les précautions qui ont été prises pour la conservation de leurs nombreuses espèces, au milieu des causes qui peuvent empêcher la fécondation de leurs innombrables œufs, qui les détruisent, quoique fécondés; ou contre les animaux qui dévorent leurs individus de tout âge, et en modèrent la trop grande multiplication.

§ 42. *Époques du rapprochement des sexes dans le type des Animaux articulés; caractères physiques de leur rut; phénomènes variés de leur rapprochement.*

Nous renvoyons à notre article Animaux articulés de ce Dictionnaire, pour l'acception que nous donnons à ce mot, et nous rappellerons seulement que les six classes qui composent ce type, dans notre manière de voir, sont celles des *Insectes*, des *Myriapodes*, des *Arachnides*, des *Crustacés*, qui forment un groupe à part; et celle des *Annélides*, par laquelle ce type se lie aux Helminthes et au type des Zoophytes; tandis qu'il se rattache par la sixième, celle des *Cirrhopodes*, à l'embranchement des Mollusques.

Nous avons déjà indiqué brièvement, § 2, les différents modes de propagation sexuelle de ces classes, et dans les § 23-29, nous avons donné un court aperçu des caractères physiques qui les distinguent, à l'âge de propagation.

Il nous reste à rapporter quelques uns des traits principaux de leur rut et du rapprochement des sexes.

Chez la plupart des *Insectes*, l'âge de propagation, ainsi que nous l'avons dit (§ 24), se distingue, de la manière la plus tranchée, de l'âge d'accroissement indépendant par les plus étranges métamorphoses. L'Insecte a pris la forme qui caractérise ce qu'on appelle son état parfait. Ce n'est plus une Chenille, c'est un Papillon. Chez tous, les mâles et les femelles de cet âge cessent de croître; chez tous, cet âge se confond avec l'époque du rut chez le mâle, avec celle du rapprochement des sexes et de la ponte des œufs chez la femelle.

Dans cette classe l'âge de propagation ne se divise donc pas généralement en des époques d'activité et de repos. C'est le dernier moment de la vie des Insectes, souvent très court, et qui se termine par la mort dès

qu'ils en ont rempli le but, dès qu'ils ont vaqué à la reproduction de la progéniture qui doit les suivre.

Les caractères physiques du rut se confondent, chez les Articulés de cette classe, avec ceux de leur dernière métamorphose.

L'instinct de la génération porte les sexes l'un vers l'autre, bientôt après que cette métamorphose est accomplie.

C'est uniquement cet instinct qui dirige les actions des mâles, et qui les porte à rechercher une femelle. L'emploi de leur vie, à l'état parfait, est souvent limité à la fécondation d'une seule femelle.

Celle-ci, après avoir été fécondée par un seul mâle, ou successivement, et à des intervalles plus ou moins marqués, par plusieurs, se livre à tous les soins que lui inspire l'instinct de conservation de sa progéniture, pendant lesquels sa vie se prolonge, à l'état parfait, au-delà du terme de celle des mâles.

Elle choisit, avec une prévoyance admirable, le lieu le plus propre à l'alimentation du ver qui devra sortir de ses œufs; elle l'enfouit le plus souvent dans la substance même dont il pourra se nourrir. Elle a, à cet effet, les instruments les plus appropriés, dont elle se sert, sans en avoir appris l'usage, avec toute l'adresse et toute l'intelligence de l'ouvrier le plus exercé: elle perfore les écorces, les bois les plus durs; elle perce les feuilles, pénètre dans les fruits, enfonce son dard dans les chenilles pour y déposer ses œufs (1).

La fécondation chez les *Insectes* a toujours lieu intérieurement, souvent longtemps après la copulation, ainsi que nous l'avons déjà dit. Celle-ci a des caractères particuliers, qui dépendent des instruments qui l'opèrent, et dont nous devons rappeler quelques unes des principales dispositions.

Les organes mâles d'accouplement sont constamment placés à l'extrémité postérieure de l'abdomen, sans en excepter la famille des *Libellules*, qui n'a que des organes de préhension ou d'excitation situés à la base de ce même abdomen.

Ces organes se composent: 1° D'une seule verge, tube membraneux, continuation du conduit éjaculateur;

(1) Voir la description de ces instruments, *Leçons d'anat. comparée*, t VIII, p. 439 et suiv.

2° D'un fourreau plus consistant, qui protége la verge et sert à son introduction ;

3° D'une paire extérieure de pinces désignées sous le nom de forceps, que le mâle emploie pour serrer l'extrémité de l'abdomen de sa femelle ;

4° D'une seconde paire de pinces, internes, plus petites que ce forceps, servant au même usage, ou propres à faciliter l'introduction de la verge dans le vagin de la femelle ;

5° D'une pièce impaire, médiane, intérieure, écailleuse, qui a probablement aussi ce dernier usage.

Des muscles attachés à ces différents leviers servent à les mouvoir dans la direction la plus convenable à leur emploi.

Il y a d'ailleurs des variétés infinies dans la forme et dans les proportions de ces différentes parties, même d'une espèce à l'autre ; variétés qui sont en rapport avec les organes femelles, et contribuent à rendre impossible, ou infécond, le mélange d'individus appartenant à deux espèces distinctes.

Il y a de plus un conduit éjaculateur, intermédiaire entre la verge et le réservoir du sperme. Il reçoit ce liquide au moment de l'orgasme vénérien, et le transmet dans le tube de la verge, et le pousse même au-delà, dans les voies génératrices de la femelle.

Chez celle-ci, l'appareil de copulation proprement dit se compose du vagin et de son entrée, la vulve, qui est placée à l'extrémité de l'abdomen et souvent comprise dans une suite de tuyaux cornés, qui sortent ou rentrent les uns dans les autres, comme les étuis d'une lunette ; ce sont comme des anneaux rudimentaires de ce même abdomen, dont le dernier est garni de deux petits appendices tentaculaires ou préhensiles (chez les Diptères).

D'autres fois, la vulve est une fente longitudinale garnie de deux panneaux écailleux, rapprochés sur la ligne médiane abdominale, et qui s'écartent pour le coït ou pour la sortie des œufs (chez les Lépidoptères).

Le vagin, dont la vulve est l'entrée, aboutit presque toujours directement à l'oviducte ; dans ce cas, et c'est le plus ordinaire,

les organes d'accouplement se confondent avec les organes éducateurs. Les œufs sortent par le même conduit qui a reçu la verge et dirigé le sperme dans le lieu où la fécondation doit s'effectuer.

Les Lépidoptères font exception à cette règle. La vulve est un orifice séparé de celui de l'oviducte ; elle conduit dans un organe de copulation distinct de ce dernier canal.

Les Cigales sont encore dans ce cas ; la vulve s'y trouve bien séparée du canal qui communique avec la tarière, et le long duquel sortent les œufs.

Il y a le plus généralement, annexée à l'oviducte, une poche copulatrice dans laquelle pénètre, à travers le vagin, la verge du mâle à l'instant de la copulation.

Cette poche n'est pas toujours distincte de l'oviducte. Elle est réduite, chez quelques Insectes, à une dilatation circulaire ou latérale de ce canal. Chez d'autres, c'est une poche bien distincte qui prend même un pédicule qui la sépare de plus en plus de l'oviducte ou du vagin.

Quand la poche copulatrice manque, le vagin seul la dirige vers le réservoir séminal ou vers l'oviducte, quand ce réservoir manque.

Ce réservoir, confondu avec la poche copulatrice, avant M. de Siebold, se compose : 1° d'une ou plusieurs poches ou capsules, vides avant la copulation, farcies de spermatozoïdes après cet acte ; 2° d'une glande annexée à ce réservoir, simple ou multiple ; 3° d'un canal qui conduit du réservoir séminal dans l'oviducte commun, et souvent d'un autre canal qui communique avec la poche copulatrice. C'est ce qui se voit entre autres, et que Malpighi avait figuré, dans la femelle du Papillon du Mûrier.

Après la copulation, le réservoir de la semence fourmille de spermatozoïdes, et la poche copulatrice renferme la verge rompue du mâle.

C'est en se remplissant comme un boudin qu'elle réussit à pénétrer à travers le canal de copulation, souvent tortueux, jusqu'à la poche copulatrice (1).

La rupture de la verge que l'on trouve

(1) Leçons d'anat. comparée, t. VIII, p. 310 et suiv., p. 411 et suiv. et p. 439.

après le coït, dans le vagin ou dans la vésicule copulatrice, avait déjà été remarquée
par Huber pour la reine Abeille. Audouin l'a
observée ensuite chez plusieurs Coléoptères et
Hyménoptères. M. de Siebold a même trouvé
plusieurs pénis dans la poche copulatrice du
Hanneton et dans le Papillon du Chou (Pieris
Brassicœ), et jusqu'à quatre dans l'Euclidia
glyphica et le Clusia chrysitis.

Ces faits démontrent que les mâles des
Insectes ne s'accouplent qu'une fois dans
leur vie, comme le pensent d'ailleurs plusieurs entomologistes ; mais ils sont en
même temps une preuve indubitable que
les femelles peuvent recevoir plusieurs
mâles.

M. Siebold pense que cette rupture n'est
pas un accident, mais une suite nécessaire
des effets du coït, qui gonfle et distend de
plus en plus le tube que forme la verge,
par l'afflux de la substance granuleuse renfermée dans les vésicules séminales , qui
finit par dilater la verge en une vésicule
dont les parois se collent à celles de la
poche copulatrice. Aussi trouve-t-on souvent les couples d'Insectes , de Hannetons
entre autres, noués ou retenus ensemble,
à la manière des couples de Chiens.

Les instants de la copulation sont plus ou
moins éloignés de la ponte. Celle-ci dure
plusieurs jours, quelquefois une semaine.
Chez la reine Abeille, elle commence à la fin
du second jour après la copulation, et elle se
prolonge jusqu'au printemps suivant, sans
ultérieure fécondation.

Il est curieux d'étudier, sous le rapport
de la génération, cette singulière organisation
sociale de notre Abeille domestique.

Une seule d'entre elles, remarquable par
sa plus grande taille, par la brièveté de ses
ailes, par la forme allongée de son abdomen,
est chargée de la propagation de l'essaim, et
passe sa vie à pondre des œufs dans les
cellules préparées par les ouvrières. Elle
avait commencé celle d'Insecte parfait, en
recueillant, à la suite d'une ou plusieurs co-
pulations, dans son réservoir séminal, les
spermatozoïdes nécessaires aux nombreuses
pontes qui vont suivre. Vingt mille femelles
plus petites, dont les organes générateurs
ont été neutralisés par un défaut de développement , sont les savants architectes
de la ruche et les prévoyants pourvoyeurs

des larves qu'elle renferme. Environ quatre
à six cents mâles éclosent au printemps ,
avant la reine , et sont tués impitoyable-
ment par les neutres , aussitôt que celle-ci
a été fécondée (1).

Les Fourmis ont de même trois sortes
d'individus : des femelles, des mâles et des
neutres, qui composent leur société nombreuse. Il n'y a que les derniers qui passent
l'hiver engourdis; les mâles et les femelles
périssent après les premiers froids.

Le moment de la ponte, qui est en même
temps celui de la fécondation successive des
œufs, pendant leur passage vis-à-vis de l'o-
rifice du réservoir séminal, met en évidence
l'admirable instinct des femelles , pour une
progéniture qu'elles ne connaîtront pas toujours , et qui n'éclora quelquefois que lorsqu'elles auront cessé de vivre.

Le Cerceris bupresticida , espèce d'Hyménoptère , creuse avec art une galerie souterraine et des cellules dans chacune desquelles
il dépose un œuf et plusieurs Buprestes ,
pour la nourriture de la larve qui en sortira
au printemps suivant , et qu'elle ne verra
pas (2).

Beaucoup d'autres Insectes ont ce même
instinct de creuser dans la terre des galeries
tortueuses à l'extrémité desquelles ils déposent leurs œufs dans un nid, toujours à portée de la nourriture la plus convenable pour
la larve.

Les Libellules, les Tipules, dont les larves
sont aquatiques, les pondent à la surface de
l'eau. Les Ichneumons piquent les larves,
surtout les chenilles, et font pénétrer leurs
œufs sous leur peau ou les collent à sa surface, suivant les espèces. L'OEstre hémor-
rhoïdal dépose ses œufs sous la queue du
Cheval, à l'entrée du rectum, dans lequel la
larve devra se développer. Les Bousiers forment une sorte de pilule avec des matières
fécales des bestiaux et ils y enfouissent un
œuf. Les Nécrophores se réunissent en nombre suffisant pour enterrer le cadavre d'un
animal et déposent leurs œufs dans la même
fosse où leur larve trouvera une abondante
nourriture.

(1) Voir au mot ABEILLE de ce Dictionnaire l'article intéressant de M. Audouin.
(2) Voir à ce sujet la lettre de M. Léon Dufour sur les
métamorphoses du Cerceris bupresticida (Ann. des sc. nat.
2e série, t. XV, p. 369 et suiv.)

Je dépasserais de beaucoup les bornes que cet article doit avoir, si je m'arrêtais à décrire toutes les circonstances concernant l'époque de Propagation et le mode de rapprochement des sexes dans les autres classes des Articulés à pieds articulés.

Nous verrons que l'excitation du rut, chez plusieurs *Myriapodes*, les rend phosphorescents.

Pour comprendre les phénomènes du rapprochement des sexes chez les animaux de cette classe des *Myriapodes*, qui se lie à celles des Insectes et des Crustacés, il faut se rappeler qu'ils présentent deux types dans leur appareil génital externe.

Dans l'un, c'est celui des *Scolopendres*, les organes d'accouplement mâle et femelle sont simples et situés à l'extrémité postérieure du corps, comme chez les Insectes. Leur accouplement est analogue.

Dans l'autre type, celui des *Iules*, l'appareil séminal est double, comme chez les Crustacés, c'est-à-dire qu'il y a deux verges chez le mâle ; deux vulves et deux conduits génitaux, chez la femelle, pour les recevoir.

Chez le mâle du *Iulus maximus*, cet appareil de copulation, que nous avons fait connaître pour la première fois, est très compliqué ; mais, dans sa complication, il présente plusieurs circonstances dont les détails nous paraissent avoir assez d'intérêt pour les décrire ici.

Son caractère le plus singulier est de se composer de pièces écailleuses, qui peuvent sortir du corps, en avant, par sa face inférieure, entre le septième et le huitième anneau, ou que l'animal y fait rentrer à volonté. On ne voit alors, à la place de cet appareil, qu'une fosse ovale, médiane, disposée transversalement, et qui a l'apparence d'une vulve. A peine y distingue-t-on les extrémités des diverses parties qui composent cet appareil. Ce sont : une pièce basilaire extérieure, large à sa base, et se prolongeant, en forme de feuille oblongue, dans sa partie moyenne. Cette pièce rappelle la figure de certains fers de hallebarde. Ses parties latérales s'articulent à deux autres pièces ovales, à la fois membraneuses et écailleuses ; leur portion basilaire appartient encore à deux autres pièces écailleuses, de forme à peu près semi-lunaire, qui doublent, en arrière, les

deux précédentes et les dépassent en dehors.

Cette partie basilaire des quatre appendices foliacés latéraux se prolonge en deux apophyses auxquelles viennent s'attacher les muscles qui meuvent cet appareil.

La verge proprement dite est un appendice écailleux, composé d'une pièce radicale, à laquelle se fixent les muscles qui la meuvent, et d'une tige extérieure élargie à sa base, prolongée en un long filet dans le reste de son étendue. Cette tige est placée derrière les pièces précédentes et protégée par elles.

La partie la plus épaisse, à l'endroit où elle va se rétrécir rapidement pour se changer dans la partie effilée en alène, est percée d'un orifice ; c'est l'issue du canal séminal. Cette issue donne dans un léger sillon qui règne tout le long du bord de la partie effilée. Celle-ci est évidemment l'organe conducteur de la semence.

L'anneau génital est fortement échancré au bord antérieur et moyen du segment abdominal, au point qu'il n'a plus, dans la ligne médiane de ce côté, qu'un demi-millimètre de largeur ; tandis que dans la ligne médiane dorsale, le même anneau a 0^m,0047 dans le même sens. Mais une partie de ce qu'il a perdu en largeur est compensé par une plus grande épaisseur ; il est comme tordu, de manière que ses faces externe et interne sont devenues antérieure et postérieure ; ce qui ne change rien à sa solidité.

Les muscles qui meuvent cet appareil sont des protracteurs ou des rétracteurs pour les pièces accessoires. Ce sont encore des abducteurs pour les pièces principales ou les verges.

Il est à observer qu'aussi longtemps que l'animal les retire complétement dans son corps, avec les pièces écailleuses qui les protégent en avant, et dont l'ensemble forme une sorte de bouclier, la partie moyenne et supérieure de cet appareil, quoique fortement échancrée, repousse vers les viscères le cordon principal des nerfs, et lui fait faire un coude vers le haut, qui ne nuit pas à ses fonctions.

Je désigne sous le nom de *bouclier*, l'ensemble des pièces qui recouvrent, en avant, les deux verges. On comprendra facilement l'exactitude de cette désignation, si l'on fait attention que les deux vulves de la femelle sont également situées à la face inférieure de son corps, tout près de la bouche, entre le second et le troisième anneau. Il était nécessaire que les verges fussent protégées, dans les préludes de l'accouplement, contre les morsures de la femelle.

Ces vulves se présentent comme deux coussins mous, sur les côtés de la ligne médiane, et attachés à deux plaques soudées, ayant chacune une apophyse, et supportant dans leur partie externe deux paires de pattes plus petites que les suivantes. Leur orifice est transversal et arqué.

Le mode d'accouplement des *Aranéides fileuses*, qui sont toujours ovipares et dont les femelles ont un soin admirable de leurs œufs, n'est connu que depuis peu.

Il est certain que les glandes spermagènes du mâle ont les orifices de leurs canaux sécréteurs à la base de l'abdomen. L'organe, très compliqué, enfermé dans la dernière articulation de ses palpes, a, selon toute apparence, pour emploi de prendre ce sperme à sa sortie et de le porter à la vulve de la femelle.

Ce serait une copulation analogue à celle du *Cyclops Castor*. Le testicule unique de ce petit *Entomostracé* est un sac rempli de corpuscules transparents, de forme ovalaire, mêlés à des corpuscules plus petits, à surface granulée. Les premiers sont des spermatozoïdes développés, analogues aux corps vésiculeux spermatiques des *Crustacés décapodes*.

Ces corps spermatiques sont transportés par le mâle, au moment de la copulation, contre la vulve de la femelle, au moyen de petits flacons, dans lesquels ils sont renfermés.

Ces flacons sont moulés dans la dernière partie du canal déférent. Ce sont des tubes cylindriques fermés à l'une de leurs extrémités qui est arrondie ; ayant à l'autre un col court et rétréci, terminé par une ouverture circulaire. Les parois des tubes sont incolores et solides.

Les spermatozoïdes que les tubes renferment y sont arrangés avec d'autres substances susceptibles de les expulser, en se gonflant par l'action de l'eau.

Ils en sortent par ce merveilleux artifice et pénètrent dans les voies génitales de la femelle (1).

La classe des *Crustacés* à laquelle appartiennent les petits *Entomostracés* dont nous venons de décrire la singulière copulation, a ses époques de rut qui varient selon les espèces et les climats qu'elles habitent, comme chez les animaux des autres classes.

Les *Crustacés* se distinguent des Insectes en ce qu'un assez grand nombre peuvent engendrer plusieurs fois dans la vie, qui peut se prolonger au-delà d'une ou de plusieurs années pour l'un et l'autre sexe.

Les plus petits, ceux de la sous-classe des *Entomostracés*, peuvent avoir, comme nous l'avons dit des Pucerons, plusieurs générations successives dans une seule belle saison. Leur accroissement rapide permet ces pontes très rapprochées, qui font comprendre leur extrême multiplication : telle est celle de l'*Artemisia salina* (2) et de la *Daphnie puce*. Celle-ci couvre quelquefois toute la surface d'un étang, en y formant une couche de plusieurs millimètres d'épaisseur.

Un autre caractère général qui distingue la classe des *Crustacés*, sous le rapport de la génération, c'est que les femelles portent leurs œufs, après leur sortie de l'ovaire, attachés sous l'abdomen, ou sous le thorax, ou dans des sacs suspendus à leur corps. Ils restent dans la cavité de l'ovaire, après la fécondation, jusqu'à ce qu'ils aient acquis un certain degré de développement. Lorsqu'ils ont besoin d'oxygène pour leur développement ultérieur, les femelles les pondent après un intervalle variable selon les espèces, et les font passer au dehors dans des sacs à travers lesquels l'oxygène du fluide ambiant peut agir, ou sous des lames qui les recouvrent sans empêcher cette action, soit tout-à-fait à nu, mais avec une coque plus épaisse qui se colle immédiatement, ou par un pédicule, aux appendices de l'abdomen, comme chez les *Décapodes*.

Ajoutons que les petites espèces qui périssent, durant la bonne saison, par la dessiccation des eaux stagnantes qu'elles habi-

(1) *Observations sur l'accouplement du Cyclops Castor*, par M. Siebold ; *Annales des sc. natur.*, 2e série, t. XIV, p. 26 et suiv.

(2) *Histoire d'un petit Crustacé*, Artemisia salina Leach, par M. Joly, etc. Montpellier, 1840.

tent, ou qui atteignent naturellement le terme de leur vie à la fin de cette saison, doivent laisser des œufs dans ces mêmes localités, qui peuvent se conserver plusieurs années et éclore dans des circonstances favorables ; tel est l'*Apus*, que l'on voit tout-à-coup reparaître dans les années pluvieuses, après de longs intervalles, avec les mares qui étaient restées desséchées aussi longtemps.

La ponte des *Crustacés*, qui succède à la fécondation, montre que celle-ci est intérieure et la suite d'un accouplement intime. Les mâles ont généralement deux verges, et les femelles deux vulves. Il en résulte que chaque ovaire a un orifice extérieur qui lui correspond, et qu'il existe, chez le mâle, un organe d'accouplement du même côté, pour la fécondation des ovules que cet ovaire renferme.

Mais la position de ces orifices, ou des vulves, varie beaucoup, ainsi que la complication et la position de l'appareil de copulation des mâles.

Ce dernier appareil est organisé suivant deux plans, dans le seul ordre des *Décapodes*. J'ai fait connaître que les Crabes, ou les *Brachygastres*, ont toujours leur verge hors du corps, et qu'elle se compose d'un fourreau épidermoïde conique, suspendu au contour de l'orifice génital percé dans l'article basilaire de la dernière paire de pieds, ou dans le dernier segment du sternum. Ce fourreau extérieur, hérissé souvent de quelques poils, recouvre un fourreau dermoïde. On voit à travers ce double fourreau, demi-transparent, un canal déférent d'un moindre diamètre, qui se continue jusqu'à son extrémité qui paraît comme tronquée.

Chacune de ces verges est armée de deux organes excitateurs et conducteurs, articulés l'un devant l'autre, le premier au dernier segment du sternum, et le second au premier segment de l'abdomen. Ces organes varient, selon les espèces, pour la forme, qui se termine généralement en alène, rarement en fourche, comme dans le *Grapse peint*.

Leur substance est dure et résistante. La verge s'engaîne dans une rainure du premier des deux appendices.

Celle des *Décapodes macroures* ou *Macrogastres*, tels que le Homard, l'Écrevisse, la Langouste, est, au contraire, retirée dans la cavité thoracique, hors des instants de la copulation. C'est un tube membraneux continu avec le canal déférent, susceptible de s'invaginer dans lui-même pour sortir par son orifice placé constamment à la surface interne du premier article des pieds postérieurs, ou dans le sommet d'un tubercule plus ou moins saillant, annexé à cet article (1).

Il n'y a jamais qu'un organe conducteur de ce tube membraneux, non susceptible d'érection et qui avait besoin d'une armure pour pénétrer dans les voies génitales de la femelle.

Leurs orifices, chez celle-ci, ou les vulves, sont situés dans la partie du plastron sternal qui répond à la troisième paire de pieds dans le groupe des *Brachygastres* ou des Crabes (2), tandis que les *Macrogastres* les ont dans le premier article de ces pieds.

Cette singulière organisation, dont les complications, extrêmement variées dans les plus petits détails, ne pourraient être comprises qu'au moyen de figures, devait du moins être indiquée dans l'esquisse que nous traçons ; afin de convaincre de plus en plus, par l'exposé succinct de ces modifications multipliées à l'infini, des soins minutieux qui ont présidé à l'organisation des instruments de la vie, destinés à la transmettre aux générations successives.

La disposition respective des organes de copulation que nous venons de rappeler démontre que l'accouplement ne peut avoir lieu, chez ces animaux, que par l'attouchement des faces antérieures des deux sexes. Cette position et d'autres circonstances de l'accouplement avaient été méconnues par *Aristote*, d'ailleurs si bon observateur (3).

L'époque du rut des différentes espèces de *Lombrics*, qui a lieu à la fin de l'été et se prolonge en automne, me paraît expliquer parfaitement, dans ce dernier cas, une observation que j'ai eu l'occasion de faire au printemps de 1845. J'ai découvert un embryon développé et très vivant dans une des bourses de l'ovaire d'un Lombric dont j'étudiais les organes génitaux.

Cette observation, qui semble contredire celle de naturalistes célèbres, qui ont décrit les œufs pondus de ces animaux, me fait

(1) *Leçons d'anatomie comparée*, t. VIII, p 426 et suiv.
(2) *Ibid.*, p. 453 et suiv.
(3) Liv. V, ch. 7.

penser qu'ils peuvent être ovipares ou vivipares, suivant les saisons, ou peut-être les espèces ?

Il y a, dans cette famille, rapprochement intime des sexes, surtout par l'anneau sexuel, sans véritable accouplement.

Dans les *Hirudinées*, au contraire, dont chaque individu est muni d'une verge et d'une vulve, l'accouplement est complet et réciproque.

Beaucoup d'*Annélides marines*, *Errantes* ou *Sédentaires*, n'ont leurs organes de génération internes bien apparents qu'à l'époque du rut. Il y a longtemps que G. Cuvier avait remarqué et publié (1) que les petits individus de l'*Aphrodite*, ou les mâles, se trouvent le corps rempli d'une laite blanchâtre ; pendant que les grands individus, ou les femelles, l'ont plein de petits œufs, dans tous les intervalles des viscères.

Ces mêmes *Annélides errantes*, ou celles de l'ordre des *Sédentaires*, les *Tubicoles* de Cuvier, n'ont pas d'organes d'accouplement. Quand les sexes sont séparés, la fécondation doit se faire par l'intermédiaire de l'eau, dans laquelle le mâle répand sa laite, et la femelle ses œufs.

§ 43. *De la phosphorescence considérée comme symptôme du rut chez les Animaux articulés.*

Parmi les phénomènes variés que produit l'époque des amours chez les *Animaux articulés*, l'un des plus remarquables est, sans contredit, la phosphorescence. Cette faculté de pouvoir répandre de l'une ou l'autre des parties de leur corps, pendant la nuit, une lumière éclatante, paraît avoir pour but, ou pour cause finale, de faciliter le rapprochement des sexes, en leur donnant connaissance de leur présence. Elle est une suite de la surexcitation qu'éprouve naturellement tout animal, à l'époque où il a besoin de ce surcroît de vie, pour la communiquer à des germes de son espèce.

Qui ne connaît le *Ver luisant*, et qui n'a vu, dans nos belles soirées de juin, de juillet et d'août, les points lumineux qui éclairent, comme autant de diamants couleur de feu, les gazons de nos campagnes et les bords de nos chemins ? Ils sont produits par

(1) Dans le tome V des *Leçons d'anatomie comparée*, 1ʳᵉ édition de 1805.

les trois derniers anneaux de l'abdomen des femelles appartenant à deux espèces de Coléoptères, le *Lampyre luisant* et le *Lampyre splendide*. La femelle est sans ailes et sans élytres ; le mâle, qui est ailé, est averti, par cette lumière, de sa présence et de ses dispositions à un accouplement fécond. Aussitôt qu'il a eu lieu, la phosphorescence disparaît (1). Dans l'espèce d'Italie, appelée *Luciola* dans cette contrée, le mâle et la femelle, également ailés, sont étincelants dans leur vol.

Il paraîtrait que les *Fulgores*, de l'ordre des Hémiptères, et plus particulièrement l'espèce appelée *Porte-lanterne* (2), qui vit à Cayenne, etc., auraient a l'époque de leurs amours, la même faculté phosphorescente.

Les *Géophiles*, genre de *Myriapodes* de la famille des Scolopendres, jouissent aussi, au plus haut degré, de la faculté de répandre une lueur phosphorique, dans la saison où ils s'accouplent. Audouin fut émerveillé, le 16 août 1814, de la vive lueur que répandaient six petites *Scolopendres*, extraites de la terre d'un jardin. Cette terre, bêchée à l'endroit où ces bêtes avaient été prises, était comme arrosée de gouttelettes phosphoriques, et dans certaines places le liquide semblait couler comme de petits filets d'eau ; en brisait-on les mottes, elles jetaient une vive lumière phosphorique ; et si l'on écrasait des parcelles de terre dans la main, elles y laissaient des traînées lumineuses qui ne disparaissaient qu'après 4, 8, 10, 20 secondes. Or, il me fut très facile, ajoute le savant académicien, de constater que cette phosphorescence était uniquement due à de très petites Scolopendres (3).

Plusieurs *Annélides* jouissent aussi de cette singulière faculté. Celle des *Lombrics*, ou Vers de terre, a été constatée par un grand nombre d'observateurs ; entre autres par MM. Saget et Moquin-Tandon, qui eurent l'occasion, en 1837, de voir dans une allée de jardin, à Toulouse, un grand nombre de Lombrics phosphorescents. La lumière qu'ils donnaient était blanchâtre et ressemblait

(1) L'expérience en a été faite par M. le docteur Lallemand, notre collègue à l'Académie des sciences, *Comptes-rendus de cette Académie*, t. XI, p. 319.

(2) Voir l'atlas de ce Dictionnaire, pl. 2, fig. 2.

(3) *Comptes-rendus de l'Académie des sciences*, séance du 9 novembre 1810, t. XI, p. 37 et 38.

beaucoup à celle du fer rougi au blanc. Quand on écrasait un de ces vers, la phosphorescence s'exhalait sur le sol et produisait à volonté une longue traînée lumineuse, comme si l'on eût frotté le sol avec du phosphore.

M. Moquin-Tandon recueillit quelques uns de ces Lombrics. Il constata que leur propriété lumineuse résidait dans le renflement sexuel, et qu'elle cessait après l'accouplement (1).

Faut-il attribuer aux mêmes circonstances physiologiques, c'est-à-dire à l'époque des amours, la lueur phosphorique que répandent de petites Annélides marines, au rapport de M. de Quatrefages? Ici ce n'est plus une sécrétion, comme dans le cas que nous venons de citer et celui des Géophiles; mais, selon l'observation de ce naturaliste, une sorte d'excitation produite par le même fluide impondérable, qui détermine la contraction musculaire et qui est peut-être analogue à l'électricité. En effet, cette lueur augmentait avec les contractions et cessait avec elles, et elle se montrait uniquement dans les muscles (2).

§ 44. *Époques et phénomènes du rut des Mollusques.*

La grande majorité des animaux de ce type habite les hautes mers ou les rivages maritimes de toutes les parties du globe. Elle y subit les influences des climats et des saisons, moins différentes et moins variées, à la vérité, pour les animaux aquatiques que pour ceux qui sont terrestres. Une petite partie des *Mollusques* vit dans les eaux douces. Quelques autres, et seulement parmi les Gastéropodes pulmonés, sont des animaux terrestres qui peuvent vivre dans l'air, mais ne prospèrent que lorsque cet air est à la fois humide et chaud. Tels sont nos *Hélices des jardins*, notre *Colimaçon des vignes*, nos *Limaces* de toute espèce.

Ces animaux disparaissent durant les hivers de nos climats; ils s'enfouissent dans la terre où ils restent engourdis pendant la mauvaise saison, et ne reparaissent qu'au printemps. Leur sang froid, leur peu d'excitabilité ont besoin de l'influence du beau

(1) Ouvrage cité.
(2) *Comptes-rendus de l'Académie des sciences*, t. XVI, p. 33. Paris, 1843.

temps, d'une température chaude pour que la faculté de se propager se réveille en eux. Ce n'est guère qu'au mois de mai qu'ils commencent à s'accoupler; mais, dès ce mois jusqu'en août et septembre, leurs espèces paraissent avoir la faculté d'engendrer. Du moins existe-t-il des spermatozoïdes dans le testicule ou la glande spermagène des individus, peut-être retardés, que l'on ouvre dans ce dernier mois.

J'en ai observé dans le *Colimaçon des vignes*, au mois de juillet. Ils étaient longs d'un demi-millimètre. Leur corps avait la forme d'une faucille peu arquée; dans quelques uns il avait deux courbures en sens opposé. Le long filet caudal formait des ondulations, se bouclait, se nouait dans l'eau.

J'ai de même observé ceux de la *Jardinière* (*Helix aspersa*) aux mois de mai et d'août. Le corps de ces spermatozoïdes, comparé à l'appendice caudal, formant un filet très fin, présentait un renflement oblong, terminé en pointe.

Si je rapporte ici ces détails, c'est pour citer un exemple de ce que nous avons dit ailleurs, d'une manière générale, qu'il y a souvent, dans ces machines génératrices, des différences d'une espèce à l'autre plus ou moins faciles à saisir dans les détails de leur forme ou dans les proportions de leurs parties.

C'est encore au mois d'août que j'ai trouvé des spermatozoïdes dans la glande spermagène de la *Limace rouge*. J'ai rencontré de ces corps propagateurs dans les différentes espèces que je viens de nommer, non seulement dans le testicule et le canal déférent, mais encore dans la vésicule au long cou ou copulatrice.

Les œufs des *Lymnées* et des *Planorbes*, qu'on recueille, à la fin de l'hiver, attachés aux herbes des étangs, ont été pondus dans l'arrière-saison, ce qui indiquerait un rut tardif pour ces espèces.

Le mode de rapprochement des sexes que détermine le rut, et la fécondation qui en est la suite et le but, varient beaucoup d'une classe à l'autre, ainsi que nous l'avons déjà indiqué.

Les *Céphalopodes*, qui sont à la tête de ce type, pour l'ensemble de leur organisation et la grande taille relative à laquelle plusieurs d'entre eux parviennent, manquent d'organes particuliers d'accouplement.

Ils doivent se rapprocher cependant pour une fécondation intérieure, en abouchant l'un contre l'autre chaque orifice de leur entonnoir. On sait que cette partie est située à la face ventrale du corps ; qu'elle a son ouverture sous le cou de l'animal ; qu'elle donne passage à l'eau qui va aux branchies ou qui en revient, et qu'elle sert d'issue aux fécès, à l'encre, et aux produits des organes génitaux, c'est-à-dire aux œufs et à la semence.

D'admirables dispositions ont été prises pour que celle-ci pénètre, au moment du rapprochement des sexes, dans les voies génitales de la femelle, sans l'intromission d'une verge.

La glande unique qui produit les spermatozoïdes, les fait passer dans une suite de laboratoires, qui les arrangent dans un étui mécanique, dont la composition est telle qu'il fait explosion dans l'eau ; il répand ainsi les milliers de spermatozoïdes qu'il renfermait, autour de la partie où il s'est brisé, et conséquemment, durant le rapprochement des sexes, autour de l'orifice génital ou des orifices génitaux de la femelle ; car il y en a un, ou deux, selon les espèces, aboutissant toujours à un seul ovaire.

Ces tubes ont une composition générale analogue, dans tous les *Céphalopodes* où ils ont été observés ; mais ils présentent, suivant les genres et les espèces, des différences sensibles, dans leurs proportions et les détails de leur composition.

Ceux de la *Sépiole vulgaire*, que nous avons étudiés dans leurs plus petits détails, nous ont offert plusieurs particularités, encore inconnues avant cette étude, que nous indiquerons ici.

Chaque tube est un long cylindre grêle, un peu en massue, c'est-à-dire un peu plus gros du côté postérieur où se trouve le réservoir séminal. Il est fermé à ses deux extrémités. Il se compose d'un étui extérieur plus épais, dense, résistant, ayant la propriété d'absorber l'eau par endosmose. Ce fourreau extérieur est doublé par un second fourreau membraneux à parois très minces.

La cavité de ce double étui renferme en arrière, dans la partie qu'on est convenu d'appeler le réservoir séminal, des quantités innombrables de spermatozoïdes. Ils y sont disposés en un gros cordon, formant des replis rapprochés dans sa portion la plus reculée, plus écartés en avant. Mais ce cordon est composé lui-même d'une sorte de ruban de spermatozoïdes, qui est roulé sur lui-même en spires rapprochées.

Ce réservoir n'occupe pas le quart de la longueur du tube.

La partie moyenne de ce mécanisme compliqué, toujours contenue dans le double étui qui en forme l'enveloppe générale, se compose d'un gros boyau, qui a presque la moitié de la longueur du réservoir séminal, auquel il tient par un tégument grêle, probablement tubuleux, très contourné dans une partie de sa longueur.

Vient ensuite le flacon, dont le contenu est jaune-orange, comme celui d'une partie du boyau, et paraît de nature huileuse. Ce flacon, de forme conique, a son sommet dirigé en avant. Sa base produit en arrière un tube délié que l'on voit pénétrer assez avant dans le boyau. Deux capsules à parois transparentes, contenues l'une dans l'autre, prolongement des gaines du boyau, lient ce boyau avec le flacon. Ces deux parties appartiennent-elles à l'appareil éjaculateur que nous allons décrire, comme on le dit du flacon en général ? Ou serviraient-elles à donner aux spermatozoïdes une élaboration qui leur manque ? Je pencherais pour cette dernière opinion, si toutes ces petites machines animées devaient les traverser ; ce qui n'est pas.

Nous continuerons donc à désigner sous le nom d'*appareil d'éjaculation* le boyau et le flacon que nous venons de décrire, et la partie que nous devons encore faire connaître.

Elle commence au sommet du flacon, par plusieurs petits tubes grêles, qui se courbent en spire régulière et s'unissent de manière que, par leur entrelacement, ils forment une vis dont la longueur est la neuvième partie de celle de tout le tube.

Au-delà de cette dernière partie, on ne voit plus qu'un seul tube central, de même couleur jaune, qui paraît rempli de petites étoiles, arrangées d'abord avec une sorte de régularité et formant une spirale. Dans la partie antérieure de l'étui, ces petites étoiles, toujours contenues dans le même tube, deviennent moins nombreuses et finissent par disparaître ; de sorte que ce tube est vide et incolore dans sa dernière partie. Mais il y montre, dans son axe, un tube très grêle, que l'on peut suivre jusque près de l'extrémité de l'étui, quoiqu'il diminue encore de diamètre.

La dernière partie du tube éjaculateur principal augmente au contraire beaucoup de diamètre ; elle forme successivement trois circonvolutions et se termine en se coudant et en se dilatant encore, sur le côté de l'extrémité de l'étui.

C'est cette partie qu'on a appelée la trompe dans les spermaphores de la *Seiche*. On l'a vue se dérouler en dehors, par l'action de l'eau, et entraîner à sa suite tout l'appareil éjaculateur et le contenu du réservoir séminal.

Pour compléter cette description, je dois dire quelque chose de la forme des spermatozoïdes. Ils sont généralement oblongs ou doublement coniques, avec un appendice caudal de longueur médiocre. C'est par cet appendice qu'ils paraissent attachés les uns aux autres, dans le ruban du réservoir séminal.

Dans le testicule, je les ai toujours trouvés sans appendice caudal. Souvent plusieurs de ces corps se croisaient par le milieu, de manière à former des étoiles à quatre ou six branches, suivant qu'il y en avait deux ou trois ensemble.

Il est bien remarquable que le tube éjaculateur en renferme de semblablement réunis en étoiles.

De nombreux observateurs ont étudié ces fameux tubes de Néedham, que je préfère désigner du nom de Swammerdam, parce que c'est ce savant Hollandais qui les a décrits le premier et qui a découvert une grande partie de leurs propriétés singulières (1).

Ces tubes varient peu dans leur forme et leur composition générale.

Ils ont généralement la propriété de s'agiter dans l'eau, et d'éclater après de courts instants.

Leur réservoir séminal diffère beaucoup en

étendue et en structure suivant les espèces.

L'appareil éjaculateur est d'autant plus long que le réservoir séminal est plus court.

Le tube qui sépare le flacon, dans la *Sépiole*, du réservoir séminal, manque dans la *Seiche*. Le flacon a des formes très différentes, suivant les espèces ; et le tube éjaculateur qui le précède, des dispositions et des proportions très variées.

Le jeu de cette machine compliquée, les usages de ses différentes parties, et la cause qui fait éclater l'étui, et en premier lieu sa partie antérieure ; celle qui fait sortir successivement le réservoir séminal, et désagrége les innombrables spermatozoïdes qu'il renferme, ne sont peut-être pas suffisamment expliqués. Il y a sans doute encore des découvertes à faire dans cette voie, malgré les progrès que la science actuelle doit aux recherches, réunies ou séparées, de MM. Peters et Milne Edwards.

Il n'est pas douteux que ces spermaphores, d'une structure si merveilleuse, passent, au moment de la copulation, à travers l'orifice de l'entonnoir femelle, au moyen de l'organe d'éjaculation dont le mâle est pourvu, dans la cavité branchiale de la femelle, où se trouve l'orifice simple ou double, suivant les espèces, d'un oviducte non divisé, ou bifurqué. Là, ces machines font explosion par l'action de l'eau ; l'assemblage des spermatozoïdes se désagrége ; ceux-ci deviennent libres et pénètrent dans l'oviducte pour y féconder les œufs qu'il renferme ; ou bien ils les fécondent seulement à leur sortie. M. Peters a fourni la preuve de tous ces phénomènes, par la découverte qu'il a faite, dans le sac de la Sépiole femelle, des débris des spermaphores du mâle.

Après lui, MM. Lebert et Robin ont eu le rare bonheur de trouver un paquet de ces spermaphores, attachés aux parois du sac branchial d'un *Calmar femelle*, non loin de l'orifice de l'oviducte. J'ai de suite pensé au récit de ce fait, que c'était une circonstance anomale qui avait empêché ces tubes, dans ce cas rare, d'éclater par l'action de l'eau. Le lendemain de cette intéressante communication, faite par M. Robin à la Société philomatique (1), nous avons examiné ensemble ces tubes, au Collège de France, et nous

---

(1) Voir les *Archives de J. Müller* pour 1839, 1840 et 1841; les *Comptes-rendus de l'Académie des sciences*, du 28 avril 1840; et les *Annales des sciences naturelles*, 2ᵉ série, t. XVIII, et pl. 12, 13 et 14.

(1) Séance du 31 mai 1845.

les avons trouvés presque entièrement pleins de spermatozoïdes ; de sorte que l'appareil éjaculateur était tellement réduit, qu'ils n'avaient pu éclater, et qu'ils étaient restés intacts, comme pour démontrer le chemin qu'ils prennent pour la fécondation; et pour confirmer l'usage que l'on attribue à la partie de cette admirable machine, qui doit la faire éclater par l'action de l'eau.

Parmi les *Gastéropodes*, les uns ont les sexes séparés et le mâle est pourvu d'une verge considérable pour l'accouplement; ce sont, en général, les *Pectinibranches*. Les autres sont hermaphrodites et paraissent avoir besoin d'un accouplement réciproque; ce sont les *Gastéropodes pulmonés*. Si cet accouplement réciproque n'est pas strictement nécessaire, selon moi, pour la fécondation, à cause des rapports intérieurs qui existent, dans plusieurs cas, entre le chemin des œufs et celui de la semence d'un même individu; du moins paraît-il servir à donner au système générateur de ces animaux, l'activité nécessaire à l'accomplissement de cette fonction.

Cette activité est particulièrement provoquée par les préludes de l'accouplement chez le *Colimaçon*. Au moment où deux individus s'approchent, ils se lancent mutuellement un dard à quatre arêtes tranchantes, qui vient irriter l'une ou l'autre partie de leur peau. Ce n'est qu'après ce singulier prélude que l'accouplement commence. Les organes en sont situés près de la tête, et leur orifice commun, dans la Limace et le Colimaçon, est percé sous le tentacule droit supérieur.

Le vestibule commun génital se renverse par cette ouverture unique et présente trois rifices : l'un pour la sortie de la verge, l'autre pour l'entrée du vagin, et le troisième pour celle de la vésicule copulatrice. La verge se déploie successivement au dehors en se renversant, et pénètre dans l'oviducte ou dans la vésicule copulatrice, suivant les espèces.

Il y a d'ailleurs dans ce cas singulier d'accouplement chez ces Gastéropodes, quoique pourvus des organes générateurs des deux sexes, beaucoup de variétés dans la disposition des organes. Le vestibule commun générateur peut manquer, et les orifices des organes mâles et femelles peuvent être tellement disposés, qu'il faut un troisième individu pour compléter l'accouplement du second ; tel est le cas des *Lymnées* et des *Planorbes*, qui forment une chaîne circulaire composée d'un certain nombre d'individus, dont le premier féconde le second, tandis qu'il est fécondé par le dernier.

La classe des *Ptéropodes*, la troisième de la grande division des *Mollusques céphalés*, est hermaphrodite, avec des organes d'accouplement pour une excitation, sinon, dans tous les cas, pour une fécondation réciproque.

Dans les trois classes des *Mollusques acéphalés*, celle des *Bivalves* ou *Lamellibranches*, des *Brachiopodes*, et des *Tuniciers*, la fécondation, quand les organes sexuels sont séparés, se fait par l'intermédiaire de l'eau, qui est le véhicule de la semence du sexe mâle ou de sa laite. Il n'y a plus ici de véritable accouplement.

§ 45. *Époques et phénomènes du rut des Zoophytes, ou des animaux rayonnés.*

La plupart des classes de ce type inférieur du règne animal ont, comme celles des autres embranchements de ce règne, des époques dans l'année où les animaux qui en font partie vaquent à cette fonction conservatrice de leur espèce. Ceux mêmes qui ne paraissent pas avoir d'organe spécial de propagation, tels que les *Éponges*, ont leur saison durant laquelle ils se remplissent de germes.

Il n'y a peut-être que les *Helminthes*, que ceux du moins qui passent leur vie dans l'intérieur des autres animaux, et c'est la grande majorité, qui restent indépendants des saisons et ne soient soumis qu'à la loi qui exige que l'animal, pour se propager, ait atteint un certain degré de son accroissement, ou de développement auquel il doit arriver, selon son espèce.

Les *Zoophytes* à sexes séparés, qui conservent la locomotilité, se rapprochent, à l'époque du rut, sans véritable accouplement, puisqu'ils n'en ont pas les organes ; mais afin que le mâle puisse répandre sa laite immédiatement sur les œufs de la femelle, ou bien afin que cette semence parvienne jusqu'à l'organe d'incubation de celles qui sont vivipares.

Ce dernier cas est celui d'une espèce d'*Ophiure* (1) des côtes de l'Océan.

On a vu souvent deux *Astéries rouges*, mâle et femelle, se tenir rapprochées par une sorte d'accouplement, après lequel la femelle pond ses œufs et les conserve sous son corps, en formant avec ses rayons, repliés sous elle, une sorte de poche d'incubation (2).

C'est au printemps que les femelles de l'*Oursin comestible* sont remplies d'œufs mûrs, qui les font rechercher comme aliment. Chaque œuf, de forme globuleuse, n'a guère qu'un neuvième de millimètre en diamètre.

Elles les déposent en paquets, qui sont fécondés sans doute immédiatement par la laite des mâles.

Les *Acalèphes* à sexes séparés, qui se composent de la plupart des espèces de *Méduses*, se rapprochent des côtes, dans nos climats, durant la belle saison, comme les Poissons, pour y frayer. Les mâles du moins ont alors leurs glandes spermagènes gorgées de spermatozoïdes, et les femelles leurs ovaires remplis d'œufs.

M. de Siebold a vu des quantités innombrables d'Aurélies (*Medusa aurita*) apparaître près des côtes de la mer Baltique dans cet état de rut, aux mois d'août et de septembre, et disparaître ensuite, jusqu'à la même époque, l'année suivante.

Il a été frappé, pour le dire en passant, de l'instinct de ces animaux, en apparence si inférieurs, qui leur fait prendre la précaution de ne jamais se diriger vers la terre que par un vent contraire, et de s'en éloigner aussitôt que le vent les y porterait forcément avec les vagues et les briserait sur la plage ou contre les rochers.

M. Grant a observé que les germes commencent à paraître aux mois d'octobre et de novembre, dans la *Spongia panicea*, qu'il a observée sur les côtes des îles Britanniques (3). Ils se présentent comme de petites taches d'un jaune opaque, de forme irrégulière, dans les parois des canaux intérieurs de cette Éponge, qui étaient auparavant incolores et transparentes. Plus tard, ils prennent une forme ovale, régulière. Lorsqu'ils sont prêts à sortir, on les trouve suspendus, dans ces mêmes canaux, hors des parois membraneuses qui les tapissent. C'est en hiver, dans les mois de décembre, janvier, février, et encore en mars, que les Éponges montrent cette lente gestation et se débarrassent enfin de leur progéniture. Elle est alors sous forme de larves à cils vibratiles, voguant librement dans la mer durant deux ou trois jours, avant de se fixer définitivement en se métamorphosant.

Les *Helminthes* de la sous-classe des *Cavitaires* ont les sexes séparés et vivent ensemble, groupés souvent en grand nombre dans les intestins des animaux (les *Ascarides*, etc.). D'autres parcourent leurs tissus cutanés et sous-cutanés, ou viscéraux, dans tous les sens (les *Filaires*). Les mâles, beaucoup moins nombreux et plus petits que les femelles (ceux des *Ascarides*), ne doivent pas avoir de peine à les rencontrer pour l'accouplement.

Les *Parenchymateux*, qui vivent en partie dans les autres animaux, tels que les *Douves*, etc., paraissent avoir besoin généralement, comme les Sangsues, d'un accouplement réciproque, quoique ces animaux soient pourvus des organes des deux sexes.

Les *Tœnia* de ma sous-classe des *Helminthophytes* ont dans chacune de leurs articulations développées, outre un ovaire, que l'on trouve rempli de nombreux ovules, lorsque ces articulations sont arrivées au dernier degré de leur accroissement, une glande spermagène et une verge au moins. Il y a ici une extraordinaire multiplicité dans les organes conservateurs de l'espèce, qui fait que chaque articulation est, sous ce rapport, une individualité complète, qui a son tour réglé pour la propagation, après lequel elle périt.

C'est ainsi que les découvertes les plus récentes de la science, ont montré que les espèces en apparence les plus dégradées sont organisées pour leur multiplication avec un luxe, qu'on me permette cette expression, qui fait comprendre la persistance de ces espèces ; malgré les nombreuses difficultés qu'elles rencontrent pour conserver leurs germes, pour trouver un lieu et des circonstances favorables à leur développement,

---

(1) Observée par M. Quatrefages en 1842. *Comptes-rendus de l'Académie des sciences.* t. XV, p. 799.

(2) C'est M. Sars qui a fait connaître cette espèce d'incubation protectrice des Astéries.

(3) *Annales des sc. nat.*, t. XI, p. 193 et suiv.

et les aliments qui conviennent à leur vie de nutrition, après leur éclosion.

Ces découvertes positives sur la génération des animaux inférieurs, montrent en même temps, combien la prétendue génération spontanée ou hétérogène serait inutile, si elle n'était pas une absurde hypothèse, aux yeux de celui qui a passé une longue vie à étudier l'organisation, ses lois et ses merveilles.

CHAPITRE VI.

DE LA GÉNÉRATION SEXUELLE, CONSIDÉRÉE DANS SON ESSENCE ET DANS SES PRODUITS.

Nous croyons devoir présenter, dans les premiers paragraphes de ce chapitre, un dernier aperçu des conditions physiques et organiques les plus prochaines, telles dn moins que la science actuelle a pu les apercevoir, pour que la génération sexuelle s'accomplisse.

En étudiant, dans les paragraphes suivants, ses produits naturels (provenant d'individus de même espèce) ou factices (les Mulets), nous chercherons à reconnaître l'influence respective et la part du mâle et de la femelle dans cette fonction de propagation sexuelle, pour laquelle leur concours est nécessaire.

§ 16. *De la génération sexuelle, considérée dans son essence.*

Deux conditions sont indispensables pour que la génération sexuelle soit réalisée : la première, qu'il y ait fécondation ou formation d'un germe ; la seconde, que ce germe soit placé dans un lieu convenable pour son développement. Nous avons traité suffisamment de cette dernière condition dans notre article OVOLOGIE (1).

Quant à la première, on a déjà pu voir dans plusieurs parties du présent article (2) qu'il est indispensable pour la formation d'un germe, que les deux éléments nécessaires de ce germe, l'ovule et les spermatozoïdes, se rencontrent et soient mis en contact l'un de l'autre. Ce sont les molécules organiques de Buffon, déterminées, relativement au mâle et à la femelle, avec une précision (3)

(1) Tome IX de ce Dictionnaire. Voir la première partie de cet article, intitulée LXOGÉNIE.

(2) §§ 7 et 17, à la fin.

(3) Voir le chapitre III de cet article, renfermant la par-

que la science ne pouvait avoir, à l'époque où le génie de ce grand naturaliste cherchait à pénétrer dans le mystère de la génération. Que se passe-t-il dans ce contact des deux éléments du germe?

Nous ne pouvons en juger que par ses résultats, c'est-à-dire par l'étude des produits de la génération. Cette étude nous montrera, que chacun de ces deux éléments tient plus ou moins de l'organisme et des facultés du sexe auquel il appartient ; qu'il peut les transmettre au germe dans la composition duquel il entre par la fécondation; et qu'il renferme, au moins virtuellement, la cause des ressemblances de toute espèce qui peuvent prédominer, dans ce germe développé, relativement au père ou à la mère.

Le lieu de rencontre des ovules et des spermatozoïdes varie avec le lieu d'incubation et la nature des enveloppes plus ou moins protectrices de l'œuf, qui permettraient ou empêcheraient la fécondation.

Lorsqu'elle est intérieure, le rapprochement des sexes, qu'elle rend nécessaire, ne suppose pas toujours que l'animal soit vivipare. Elle est de même intérieure chez un grand nombre d'animaux ovipares ; chez tous ceux qui pondent leurs œufs dans l'air, tels que les *Oiseaux*, les *Insectes*, les *Arachnides*, etc. ; et chez un certain nombre d'animaux qui pondent leurs œufs dans l'eau, toutes les fois que leur enveloppe protectrice est trop épaisse pour permettre leur fécondation dans leur état d'œuf complet : tels sont, entre autres, dans la classe des Poissons, les *Sélaciens ovipares*.

Lorsque la fécondation doit être intérieure, elle nécessite un rapprochement des sexes plus ou moins intime, au moyen duquel la semence du mâle pénètre dans les voies génitales de la femelle à la rencontre des ovules. Le lieu de cette rencontre peut être l'ovaire, l'oviducte propre ou l'oviducte incubateur.

Chez les *Mammifères*, c'est l'ovaire ou l'oviducte propre, suivant que l'accouplement a lieu à une époque plus ou moins avancée du rut de la femelle, et que les ovules sont encore dans la capsule de Graaf, ou que cette capsule a éclaté et leur a donné passage pour cheminer vers l'oviducte incu-

tie historique des découvertes qui ont donné à la science actuelle cette précision.

bateur, à travers le pavillon et l'oviducte propre.

Chez les *Oiseaux*, cette rencontre s'effectue dans l'ovaire, puisqu'un seul rapprochement des sexes rend féconds les œufs qu'une Poule peut pondre durant vingt jours.

Chez certains *Poissons vivipares*, les *Pœcilies*, le développement du fœtus ayant lieu, par exception, dans la même capsule de l'ovaire où l'ovule s'est développé, il est évident que les spermatozoïdes ont dû y pénétrer pour la fécondation.

Nous avons vu que, chez les *Insectes*, il existe un réservoir séminal, d'où les œufs reçoivent le liquide fécondateur, à mesure qu'ils passent de l'ovaire dans l'oviducte.

Chez les *Mollusques gastéropodes hermaphrodites*, il y a de même une vésicule dite copulatrice, qui paraît recevoir immédiatement la semence de l'organe mâle qui a pénétré dans son canal ; elle la verserait sur les œufs à mesure qu'ils passent vis-à-vis son orifice dans l'oviducte.

Le rapprochement des sexes peut être encore nécessaire dans certains cas d'hermaphroditisme, comme celui du *Colimaçon*, de la *Limace*, des *Sangsues*.

Il ne suppose pas toujours l'échange de la liqueur séminale, ou son passage d'un individu dans l'autre, et réciproquement. Cet échange ne paraît pas avoir lieu dans l'accouplement des *Lombrics terrestres*.

Le long accouplement des *Batraciens anoures*, durant lequel les ovules passent, en premier lieu, de l'ovaire dans l'oviducte pour s'y compléter, détermine ensuite la femelle à faire les efforts nécessaires pour s'en débarrasser successivement. Ces premiers effets de l'accouplement, qui ne sont qu'excitants pour les phénomènes qu'ils provoquent dans l'intérieur de l'organisme, montrent qu'il peut se borner à ces effets, comme dans l'accouplement des Lombrics que nous venons de citer.

L'observation de la manière dont les Crapauds et les Grenouilles fécondent leurs œufs, a suggéré au génie de Spallanzani les expériences nombreuses qu'il a tentées pour essayer de soulever une partie du voile qui couvrait, à cette époque, le mystère de la fécondation.

§ 47. *Des fécondations artificielles.*

Rien n'a plus contribué à avancer la théorie de la génération sexuelle que les fécondations artificielles, imaginées par ce profond et ingénieux investigateur de la nature. Ce sont elles qui ont conduit à cette proposition, bien démontrée dans l'état actuel de la science, que le contact immédiat des spermatozoïdes avec les ovules était, nous le répétons, la condition *sine quâ non* de la présence d'un germe dans l'œuf.

Elles ont eu encore pour grand résultat de faciliter l'étude du développement des embryons de toute espèce, lorsque le développement peut avoir lieu dans l'eau.

C'est dans ce but que M. Prévost, de Genève, a fécondé des œufs de Chabot (*Cottus gobio*) pour un premier essai sur le développement des Poissons ; et M. Vogt des œufs de Palée (*Corregonus palæa*) ; enfin tout récemment M. Dufossé, des œufs d'*Oursin comestible* (1).

Voici, d'ailleurs, quelques unes des conditions de ces fécondations artificielles :

1° Pour qu'elles réussissent, les ovules doivent être mûrs et les œufs complets.

2° La semence doit être fraîche. Cependant on peut la prendre dans les cadavres, pourvu que les spermatozoïdes conservent leur vie. M. Jacobi dit avoir fécondé des œufs de Carpe avec de la laite d'un mâle mort depuis quatre jours.

3° Spallanzani a vu que le mélange de la semence de Grenouille ou de Crapaud avec de la bile, de la salive, de l'urine, du vinaigre même en petite quantité, ne détruisait pas sa faculté fécondante.

4° Cette faculté se conserve dans un mélange de semence et d'eau, malgré de très grandes différences dans les proportions de celle-ci. Trois grains de semence de Grenouille, mélangée avec 18 onces d'eau, ont suffi pour donner à ce mélange la propriété de féconder les œufs. Suivant Spallanzani, cette propriété s'affaiblit, mais ne se perd pas, dans un mélange de la même quantité de semence avec 2, 3, 4, jusqu'à 22 livres d'eau.

5° La quantité et la durée du contact ne paraissent pas avoir d'influence sur le succès. Des œufs touchés avec le sperme

(1) *Annales des sc. natur.*, janvier 1847.

porté par la pointe d'une aiguille ont été fécondés.

6° De même, il n'y a pas de rapport direct entre la quantité de semence et le nombre des œufs fécondés.

§ 48. *Moyens de rencontre des ovules et des spermatozoïdes, et observations sur le lieu précis de cette rencontre chez les Mammifères.*

Les spermatozoïdes, ces machines animées qui doivent communiquer à l'ovule la part du mâle dans la composition du germe, jouissent d'une faculté locomotive proportionnée au trajet qu'ils ont à faire, depuis le lieu où la semence est répandue dans l'accouplement (le vagin ou le canal génital) jusqu'à l'endroit des oviductes ou jusqu'à l'ovaire où sont les ovules. Plus ce trajet est long et compliqué, et plus leur irritabilité et leur locomotilité sont persistantes.

Les cils vibratiles du col de l'utérus aident sans doute à les y faire pénétrer ; de même que ceux de l'oviducte propre y font cheminer les ovules dans un sens contraire.

D'anciennes et de récentes observations ont démontré la présence des spermatozoïdes dans les organes génitaux des femelles de Mammifères, après un accouplement.

Dès 1684, Leeuwenhœck découvrait un grand nombre de spermatozoïdes dans l'utérus, dans les cornes, jusqu'à l'origine de la trompe d'une Chienne, couverte plusieurs fois, à un ou deux jours d'intervalle.

Il fait la même observation sur des Lapines.

MM. Prévost et Dumas découvrent dans les cornes et l'utérus d'une *Chienne*, et dans les utérus des *Lapines*, de très vifs spermatozoïdes, vingt-quatre heures après l'accouplement.

Il n'y en avait aucun dans le vagin, chez une autre Chienne. Les trompes de Fallope, ou les oviductes propres, en avaient un petit nombre, trois ou quatre jours après l'accouplement. Il y en avait beaucoup de très vifs dans les cornes de l'utérus. On remarquait un fluide séreux autour de l'ovaire, mais sans spermatozoïdes (1).

(1) *Annales des sc. natur.*, t. III, p. 119-122.

R. Wagner en a observé des groupes, entre les œufs déjà fixés aux parois de l'utérus (1).

Une Chienne qui avait été couverte pour la première fois le jeudi 21 juin 1838, à sept heures du soir, et pour la deuxième fois le vendredi suivant, à deux heures après midi, fut ouverte par M. Bischoff (2) une demi-heure après ce dernier accouplement. Il y avait des spermatozoïdes très vivants dans le vagin, dans le corps de l'utérus, dans les cornes, dans les oviductes propres, les franges du pavillon, la capsule péritonéale de l'ovaire, et sur celui-ci.

Une autre Chienne, couverte en présence de M. Bischoff, fut tuée quarante-huit heures après cet accouplement.

Le vagin, un peu sanguinolent, ne renfermait que des spermatozoïdes morts ; le corps de l'utérus en avait davantage ; les trompes encore plus. Le plus grand nombre se trouvait dans l'extrémité abdominale de ces tubes ou des oviductes propres. Ils y remplissaient toutes les fossettes de la muqueuse. Il y en avait de très vivants entre les franges du pavillon, tout près de l'ovaire.

Cet organe montrait trois vésicules de Graaf très développées, tuméfiées, dont une avait éclaté. Sa capsule péritonéale renfermait un fluide laiteux, pris à tort pour de la semence par les anciens observateurs.

M. R. Wagner et M. Barry ont fait des observations semblables sur des Chiennes et sur des Lapines. Ce dernier (3) a même cru voir un spermatozoïde pénétrer dans l'œuf par une fente de la membrane vitelline près de laquelle la vésicule germinative, s'était portée.

Il y a sans doute eu quelque illusion dans les détails de cette dernière observation d'un observateur d'ailleurs aussi savant qu'exercé.

Ce qu'il y a de certain, c'est que l'on trouve plus souvent dans la trompe des Mammifères, qu'à la surface de l'ovaire, des œufs couverts de nombreux spermatozoïdes.

(1) *Froriep neue Nostizen*, band 3, 1837.
(2) *Traité du développement de l'Homme et des Mammifères*, p. 22, répétée p. 560. Paris, 1843.
(3) *Trans. philos.* de 1840.

§ 49. *Le moment de la fécondation n'est pas celui de l'accouplement ; il en est plus ou moins éloigné.*

Chez les animaux qui s'accouplent pour une fécondation intérieure, le moment de cette fécondation ou de la rencontre des deux éléments mâle et femelle du germe, est plus ou moins éloigné de celui de l'accouplement, suivant que le trajet, du lieu où la semence est versée dans cet acte, jusqu'à l'endroit où sont les ovules, est plus ou moins long et compliqué.

Ce n'est que trois jours après un accouplement fécond, qu'on trouve des œufs dans l'un des utérus ou des oviductes incubateurs d'une Lapine ; et après un intervalle de huit jours, qu'il existe de ces mêmes œufs dans l'une ou l'autre corne de la matrice d'une Chienne. Il faut cet intervalle de temps, au moins, pour qu'un œuf fécondé parvienne dans l'utérus de la femme. Mais la rencontre des ovules et des spermatozoïdes pouvant avoir lieu déjà à la surface de l'ovaire, où se trouvent les ovules mûrs, ou dans quelque partie de l'oviducte propre, l'instant de la fécondation doit être plus rapproché de celui de l'accouplement que le moment où les œufs parviennent dans leur lieu d'incubation.

Il résulte de cette différence de temps entre le moment de l'accouplement et l'instant de la fécondation que, si l'ébranlement du système nerveux, et par suite celui de tout l'organisme, qui se manifeste dans le sexe mâle, comme phénomène général de l'accouplement, paraît nécessaire pour produire l'éjaculation de la semence ; cet ébranlement n'est pas indispensable, chez la femelle, pour la fécondation des ovules.

Aussi Spallanzani est-il parvenu à féconder une Chienne en rut, en introduisant dans son vagin, au moyen d'une seringue, une petite quantité de semence que perdait spontanément un mâle. La Chienne ainsi fécondée a mis bas, après soixante-deux jours, trois petits qui avaient des traits de ressemblance avec leur père.

§ 50. *Des générations Hybrides ou des Mulets.*

Nous traiterons, dans ce paragraphe, des produits accidentels de deux individus mâle et femelle, qui ont consenti à se mêler, quoique appartenant à deux espèces distinctes. Ces produits s'appellent *Hybrides* ou *Mulets*. Le dernier mot, qui désignait, en premier lieu, le petit de l'Ane et de la Jument, a été généralisé et étendu aux produits de l'accouplement d'autres espèces.

Aucune observation bien positive et incontestable, parmi les animaux, n'a démontré jusqu'à présent que des espèces différentes, libres et abandonnées à leur instinct de propagation, se mêlassent dans la nature ; et qu'il naquît de ces mélanges des espèces hybrides, pouvant se propager avec leurs caractères distinctifs, et produire une succession de générations fécondes, comme les espèces dont elles seraient originaires.

Si l'on réfléchit à l'ordre qui règne dans l'économie générale de la nature, à la durée et à la permanence des espèces avec leurs caractères indélébiles d'instinct et de mœurs ; si l'on considère leur distribution dans les différentes régions du globe, où elles subissent les influences des climats les plus variés ; si l'on réfléchit que cette distribution est réglée par leur organisation et leur constitution respectives ; si l'on se représente le désordre qui serait la suite de ce mélange fécond, qui modifierait les espèces, qui en détruirait les caractères, et, avec eux, le principe de cet arrangement des êtres organisés à la surface du globe, source de l'équilibre et de l'harmonie qui résulte de leur action réciproque ; on en conclura logiquement *à priori*, comme nous venons de l'énoncer *à posteriori*, c'est-à-dire par l'observation directe et l'expérience, que les espèces ne se mêlent pas dans leur état de complète liberté.

« L'histoire naturelle n'a pas de fait » mieux démontré que celui de la *fixité* » *des espèces ;* et pour qui sait voir la beauté » de ce grand fait, elle n'en a pas de plus » beau, » a dit le célèbre professeur de physiologie du Jardin des plantes, M. Flourens(1).

Dans ses expériences sur les générations artificielles, Spallanzani n'a pu produire des *Mulets*, soit en arrosant avec la liqueur séminale du *Crapaud puant* les œufs de la *Grenouille verte ;* soit avec la liqueur séminale des *Salamandres* ou des *Tritons*, et les

(1) Dans son très remarquable ouvrage sur *Buffon.* — Paris, chez Paulin, 1844.

œufs de *Grenouilles* et de *Crapauds;* soit avec les œufs de *Rainette,* et la liqueur séminale de *Grenouilles,* et réciproquement; soit en mêlant le sperme de *Crapaud* avec les œufs de *Grenouille,* et *vice versa.*

Il a de même injecté inutilement le sperme d'un *Chien* dans le vagin d'une *Chatte en rut.*

Enfin, des individus de la *Rainette* des arbres et du *Crapaud puant,* mis ensemble à l'époque du rut, ne se sont jamais accouplés.

Il résulte, ce nous semble, de ces expériences, deux enseignements. On peut conclure de la dernière et de beaucoup d'autres semblables : que l'animal a l'instinct de se rapprocher de son espèce et de s'éloigner des autres, comme il a celui de choisir ses aliments et d'éviter les poisons.

La seconde et importante conclusion, c'est que le grand et principal obstacle physique ou organique au mélange fécond des espèces paraît exister dans les spermatozoïdes, et dans des différences, appréciables ou non, dans la forme, les dimensions et la composition intime de ces machines, qui portent à l'ovule la part du mâle pour la formation du germe.

Parmi les animaux que l'homme a soumis à l'état de domesticité, quelques espèces appartenant toujours au même genre (1) se sont prêtées à ce mélange, et nous pourrions ajouter à ce désordre.

D'autres espèces qui ne sont pas domestiques, mais qu'on a réussi à faire vivre ensemble dans les ménageries, ont eu, de loin en loin, des accouplements féconds.

Qu'en est-il résulté? Des *Mulets* entièrement privés de la faculté de se propager ou dont la faculté génératrice se perd dans l'une des générations les plus prochaines; à

---

(1) Pour que la femelle d'une espèce soit fécondée par le mâle d'une autre espèce, il faut que les deux appartiennent au même genre. F. Cuvier, au mot MÉTIS du *Dict. des scienc. natur.,* t. XXX, p. 464; Paris, 1824. Dans une dissertation sur les *Plantes hybrides,* soutenue à Upsal, le 23 février 1751, sous la présidence de Linné, on établit, entre autres, ces propositions : Les plantes congénères se fécondent facilement l'une l'autre; mais plus rarement celles qui sont de genres différents, quoique cela ait lieu quelquefois. On a depuis lors constaté, que la plupart de ces plantes hybrides ne tardaient pas à reprendre les caractères de l'une des deux espèces originelles. Au reste, on est tenté de douter de toutes les observations faites à cette époque, où l'on rapporte sérieusement que, d'après Réaumur, un Lapin a coché une Poule, et que le Poulet qui est né de cette union était couvert de laine. (*Proposition :ᵉ de la dissertation citée.*)

---

moins que les caractères de l'une des deux espèces ne finissent par prévaloir et par faire disparaître les caractères d'hybridité.

Le petit nombre d'exemples d'espèces du même genre, prises dans les classes des Mammifères et des Oiseaux, qui ont eu des produits hybrides, a conduit à une définition ingénieuse de l'espèce et du genre. « Le » caractère de l'*espèce* est la fécondité continue; le caractère du *genre* est la fécondité bornée (1). »

La *Jument* et l'*Ane* s'accouplent facilement. On sait que le Mulet qui en est le produit est généralement privé de la faculté d'engendrer, et que le mâle n'a qu'une liqueur séminale imparfaite sans spermatozoïdes. A la vérité, on cite quelques exemples de Mules fécondées par un Cheval dans des climats très chauds, sans que cette faculté ait eu de suite dans leur progéniture (2).

Le *Cheval* et l'*Anesse* se mêlent de même, et produisent le *Bardeau.*

Nous regardons comme une fable le mélange fécond du *Taureau* et de l'*Anesse,* du *Cerf* et de la *Vache.* M. de Buffon rapporte qu'il a fait accoupler deux Boucs avec plusieurs Brebis, et qu'il en a obtenu neuf Mulets : sept mâles et deux femelles. Une autre fois, il a obtenu de l'union d'un *Bouc* avec plusieurs Brebis six mâles et deux femelles. Il n'ajoute, à la vérité, aucun détail sur les caractères de forme ou de pelage des Mulets produits de ce mélange; et, comme il ne faisait pas lui-même ses observations, nous pouvons craindre qu'il n'ait été trompé.

On sait qu'on a, dans beaucoup de pays, l'habitude de mettre un Bouc à la tête d'un troupeau de Moutons, sans qu'il en résulte des Mulets.

Les Mulets de *Chien* et de *Louve* qu'on a réussi à produire ne sont pas stériles, mais leur fécondité est très faible et se perd, si

---

(1) M. Flourens dans deux ouvrages célèbres : 1° L'un sur l'histoire et l'intelligence des animaux, *Résumé des observations de Frédéric Cuvier sur ce sujet,* p. 117, Paris, 1845; 2° l'autre intitulé : Cuvier, *Histoire de ses travaux,* p. 297, Paris, 1845.

(2) Buffon rapporte une observation de Mule qui a mis bas, à Saint-Domingue, un Muleton à terme, et périt par accident, ainsi que son petit. M. le docteur Richard, directeur du haras du Pin, m'assure que les Mules sont par-ci par-là fécondées, en Algérie. Il en a vu un exemple; le petit n'a vécu que trois jours; la mère n'ayant pas eu de lait. Quant aux Mulets, aucun exemple, que je sache, ne les a montrés féconds.

on les mêle entre eux, après un très petit nombre de générations. On pourrait au contraire les ramener à l'une des espèces dont ils sont le produit, en les accouplant avec des mâles ou des femelles de l'une de ces espèces.

Je ne parle pas du mélange fécond entre le *Bison* et la *Vache* que l'on dit être fréquent dans les fermes du nord des États-Unis de l'Amérique, et des Hybrides qui en résultent; la seule source que je connaisse de ces observations me paraissant très peu sûre.

Les Oiseaux élevés en cage ou ceux de nos basses-cours, lorsqu'ils appartiennent à des espèces très voisines, peuvent, comme celles des Mammifères domestiques, ou de nos ménageries que nous venons de citer, produire des Mulets, dont la faculté génératrice est nulle, ou faible, et ne tarde pas à se perdre dans les générations qui en proviennent.

Le *Chardonneret* s'apparie avec la femelle du *Serin* des Canaries; plus rarement le *Serin* mâle avec le *Chardonneret* femelle.

Les mulets qui proviennent de ces unions s'apparient de même facilement soit entre eux, soit avec des Serins; mais il en résulte rarement des œufs féconds; et cette fécondité, quand elle a lieu, se perd dès la seconde génération. Le Serin s'accouple encore avec le *Venturon*, avec le *Cini*, et avec la *Linotte*.

La *Poule* avec le *Faisan* commun.

Le *Coq* avec la *Faisane*.

La *Tourterelle* des bois avec la *Tourterelle à collier*.

On a vu de même des Hybrides produits de l'accouplement des diverses espèces de Faisans; du *Canard* de la Caroline et du *Milouin*; de l'*Oie domestique* et de l'*Oie du Canada*; du *Canard musqué* et de notre *Canard domestique*; mais en général ils sont inféconds, ou s'ils sont féconds et que l'on continue de les laisser entre eux, ils perdent bientôt la faculté de continuer à se propager. Ils reprennent au contraire le caractère de l'une des deux espèces dont ils sont le produit, si on les mêle de nouveau avec des individus de cette espèce. Remarquons encore que dans ces mélanges il y a généralement une espèce soumise à l'homme, qu'il a rendue plus ou moins domestique,

et que c'est lui qui provoque toujours ces rapprochements forcés.

Je lis à la vérité que la *Corneille noire* et la *Corneille mantelée* s'accouplent quelquefois et produisent des Hybrides, qui tiennent de l'une et de l'autre (1), dans les pays où la Corneille noire est rare; mais que ces mélanges n'ont pas lieu dans les contrées où les deux espèces sont communes.

Cette observation intéressante mériterait d'être répétée et suivie dans toutes les circonstances; on finirait par découvrir la cause de cette rare exception.

La ménagerie du Muséum d'histoire naturelle de Paris a servi, depuis plus de quarante années, sous la direction de MM. E. Geoffroy St-Hilaire et F. Cuvier, à des expériences sur les espèces hybrides de Mammifères ou d'Oiseaux.

Depuis quelque temps M. Flourens et M. Isidore Geoffroy y continuent ces expériences, chacun de leur côté.

Nous indiquerons ici les principaux résultats des unes et des autres.

Le 13 mars 1806, une femelle de Zèbre, qui avait été couverte une année auparavant par un âne de forte taille, tout noir, mit bas une mule femelle, zébrée d'abord comme la mère, mais qui avait pris peu à peu la plupart des caractères de forme et de couleur du père. Telle elle était encore en 1820, lorsque F. Cuvier en a publié l'histoire (2).

Une femelle de *Chacal* qui était entrée à la ménagerie comme provenant du Sénégal, mais dont l'origine était incertaine, s'y est accouplée, sans difficulté, avec un mâle originaire du Bengale. Elle a mis bas cinq petits au bout de 62 jours. Cette union féconde, de deux espèces prises à l'état sauvage et rapprochées forcément, était, en 1821, un exemple très rare. On peut lui objecter que ces animaux mâle et femelle n'appartenaient pas à deux espèces distinctes, mais à deux races d'une même espèce; et que la femelle que F. Cuvier avait désignée provisoirement sous le nom de Chacal du Sénégal n'en provenait pas réellement; puisqu'il a trouvé plus tard, entre cette femelle et un mâle provenant

(1) *Manuel d'ornithologie*, par C.-J. Temminck, p. 109. Paris, 1820.

(2) *Histoire naturelle des Mammifères*, etc.

certainement de cette contrée, des différences qu'il regardait comme spécifiques (1).

On a vu, dans la même ménagerie, deux mulets de *Lion* et de *Tigresse* nés à Windsor, en octobre 1824. M. F. Cuvier les a décrits et les a fait figurer (2) dans leur première année. Il a remarqué que leur livrée tenait plus de leur mère que de leur père.

A la même ménagerie, une femelle de *Macaque* qui vivait et s'accouplait fréquemment depuis plus de deux années avec un mâle vigoureux d'une autre espèce très voisine, le *Bonnet chinois*, devint pleine enfin, et mit bas, à la fin de décembre 1829, un jeune mâle. Au mois de mai 1830, M. F. Cuvier écrivait (3) que ce mulet ressemblait encore à sa mère.

Voici, en ce moment, les mélanges d'espèces qui ont eu lieu dans ce même local, sur lesquels d'ailleurs la science ne tardera pas à obtenir tous les détails désirables, des savants professeurs qui suivent ces expériences.

Il y a eu des croisements féconds :

1. De Chacal et de Chienne (4).
2. De Chien et de Chacal femelle.
3. De Loup et de Chienne.
4. De Louve et de Chien (5).
5. De l'Hémione et d'une Anesse.

Ces nouvelles expériences n'ont rien d'extraordinaire. Il n'en est pas de même des suivantes :

6. On a obtenu un mulet en accouplant ensemble deux mulets de Chacal et de Chienne.

7. On a réuni de même deux mulets dont le mâle provenait d'un Loup et d'une Chienne et la femelle d'un Chien et d'une Louve. Leur accouplement a été fécond.

Reste à savoir jusqu'à quel degré la force de génération sexuelle s'est conservée dans ces mulets factices, et jusqu'à quelle génération elle se continuera? Mais les expériences qui ont précédé celles-ci sont assez

nombreuses pour prévoir d'avance que leur puissance génératrice ne tardera pas à s'éteindre.

Aucune espèce, dans les autres classes de Vertébrés, ni dans celles des autres Types, ne paraît produire de mulets, même avec une autre espèce congénère.

Nous avons parlé, en commençant ce paragraphe, 'des expériences tentées inutilement par Spallanzani, pour en produire parmi les *Amphibies*, au moyen des fécondations artificielles qui lui avaient cependant très bien réussi, avec des œufs et du sperme d'individus de la même espèce.

Les *Poissons*, dont la laite se répand dans l'eau et peut venir souvent au contact avec des œufs d'autres espèces, devraient produire bien des mulets, si la fécondation avait été possible, dans cette classe, entre les éléments du germe appartenant à des espèces différentes.

Nous terminerons la partie de ce paragraphe concernant la stérilité des mulets, par les mêmes pensées avec lesquelles nous l'avons commencé; mais avec les expressions et l'autorité de F. Cuvier, qui avait eu souvent l'occasion, pendant sa carrière scientifique, de méditer sur cet important sujet :

« Rien jusqu'à présent, a dit ce profond
» historien des mœurs des Mammifères,
» n'autorise à présenter la reproduction in-
» définie des mulets autrement que comme
» une hypothèse; et jusqu'à ce que des faits
» bien constatés mettent cette reproduction
» hors de doute, tout ce qu'on conclura
» sera conjectural, imaginaire et plus pro-
» pre à faire partie du roman de la nature
» que de son histoire.

» Les mulets ne sont point, à proprement
» parler, des êtres naturels; ils sont essen-
» tiellement le produit de l'art, quoique la
» nature ait dû se prêter à leur création.
» Sans artifice, ou sans désordre, dans les
» voies ordinaires de la Providence, jamais
» leur existence n'eût été connue; et dans
» le cas même où une interruption dans les
» lois générales leur eût donné naissance,
» ils n'auraient subsisté qu'un jour; ils
» ne portent en eux que des principes de
» mort (1). »

(1) Voir l'ouvrage cité, articles MULETS DE CHACAL DE L'INDE ET DE CHACAL DU SÉNÉGAL, décembre 1821, par F. Cuvier.

(2) Ouvrage cité, article JEUNES MÉTIS DE LION ET DE TIGRESSE, février 1826.

(3) *Histoire des Mammifères*, Mulet d'un Bonnet chinois et d'une femelle de Macaque.

(4) Ce dernier croisement a paru difficile, cependant un correspondant de Buffon lui en avait annoncé un exemple.

(5) M. Flourens en a publié l'observation intéressante, ouv. cit *sur l'instinct*, etc., p. 122.

(1) Voir l'article MULET D'UN BONNET CHINOIS ET D'UNE FEMELLE DE MACAQUE, dans l'*Histoire des Mammifères*. J'engage le lecteur à prendre connaissance de cet article

L'étude des grandes différences qui existent entre les individus de deux espèces distinctes, qui produisent ensemble, peut servir à bien apprécier l'influence des sexes dans la génération.

Si l'on compare le mulet de l'Ane et de la Jument, on verra qu'il tient de sa mère par la taille et par la grosseur, et même par les formes du corps ; mais que par la forme de la tête, la longueur des oreilles, par ses jambes grêles et ses sabots, le mulet ressemble à l'Ane, ou à son père. Celui du Cheval et de l'Anesse, ou le *Bardeau*, a les mêmes ressemblances relatives. Sa taille se rapproche de celle de sa mère ; tandis que ses oreilles, la forme de sa tête, l'épaisseur de ses jambes, sa queue plus fournie de crins, le rapprochent de son père.

Dans le mélange du Coq et de la Faisane, ou du Faisan et de la Poule, qui a eu lieu dans la ménagerie de Paris, on a remarqué que le produit ressemblait toujours au Faisan.

Cependant M. Florent Prévost, qui s'est beaucoup occupé des Oiseaux, a observé que les mulets des espèces qu'on est parvenu à mêler, ont généralement les couleurs du mâle et de la femelle plus ou moins fondues ensemble.

§ 51. *Des métis, ou des produits du mélange de deux individus appartenant à deux races ou variétés d'une même espèce.*

Les espèces sauvages cosmopolites, ou celles, en petit nombre, qui peuvent vivre dans des climats très différents, sont susceptibles de varier dans leur taille, dans les proportions de leurs membres, dans leur pelage, si ce sont des Mammifères ; dans la couleur, la proportion et même, jusqu'à un certain point, dans la nature de leurs téguments, en général, qui se mettent, du moins chez les Mammifères, dans un rapport admirable avec la température du climat où l'animal séjourne.

Ces variétés plus ou moins persistantes, ou ces races, sont surtout très remarquables chez les animaux domestiques ; elles sont,

et surtout de cet ouvrage, aussi remarquable par la profondeur des idées que par la manière dont il est écrit. C'est certainement, à notre avis, du moins , le meilleur ouvrage qui ait paru depuis celui de Buffon, sur l'histoire naturelle des Mammifères, et le seul que l'on puisse lui comparer pour le plan de l'exécution.

dans ce cas, le plus généralement le résultat de la puissance de l'homme, qui a mis à profit la génération et l'influence prédominante du mâle ou de la femelle, pour les multiplier dans tel sens, qui convenait à ses usages ou à ses plaisirs.

C'est pour suivre à la piste, qu'on me permette cette expression, et pour apprécier cette influence et la juste part qu'il faut attribuer, dans la fécondation , à chaque élément du germe, que nous traiterons des *métis*.

Remarquons encore que nous réservons, pour plus de clarté, le mot de *métis*, aux produits des races différentes d'une même espèce ; et celui de *mulets*, à ceux toujours accidentels de deux espèces qui se sont accouplées.

Les races se propagent entre elles, toujours les mêmes, dans les mêmes circonstances physiques ou climatériques, avec toute la puissance de l'espèce.

Elles dégénèrent ou s'améliorent, suivant que ces circonstances leur sont défavorables ou tendent à perfectionner les caractères que l'on apprécie en elles. Ces circonstances tiennent essentiellement aux climats, à la nourriture et au genre de vie auxquels l'homme les soumet.

Mais le plus puissant moyen et le plus prompt qu'il ait en son pouvoir pour modifier une race, est sans doute la génération.

Le *Mérinos* est une race de Moutons formée à la longue par l'influence des bons pâturages des parties montagneuses de l'Espagne, pour sa haute taille, et par celle du froid de ces montagnes, dans la mauvaise saison, qui fournit les téguments de cette laine abondante et fine qui rend cette race si précieuse.

En mêlant des béliers Mérinos à des brebis de nos races de France, beaucoup plus petites, et dont la laine est beaucoup moins fine ; on est parvenu à améliorer nos médiocres races et à les rendre aussi parfaites que la race dont les qualités prévalent.

Il a suffi pour cela, de l'influence d'un bélier Mérinos, mêlé d'abord à une femelle de l'une de nos races inférieures ; puis au produit métis provenant de ce premier mélange, et successivement au troisième et au quatrième métis femelle. Ce quatrième métis a montré, dans sa progéniture, toutes les qualités recherchées dans un Mouton mérinos.

Cet exemple démontre la puissance du mâle, et conséquemment de l'élément qu'il fournit au germe, pour modifier les races.

On est parvenu à réunir, comme on devait s'y attendre, le *Mouflon* de Corse et la *Brebis*. Il sera intéressant de suivre les changements inverses de ceux que nous venons d'indiquer, qui résulteront dans les téguments, du croisement continu de l'espèce sauvage avec la race domestique.

C'est dans le mélange des races de l'espèce humaine, qu'il serait intéressant de suivre, dans tous leurs détails, l'influence des sexes, non seulement dans la composition organique, mais encore dans les dispositions intellectuelles de leur progéniture.

Le mélange de la race blanche et de la race nègre n'a guère été étudié dans ses produits, que sous le rapport de la couleur, qui s'affaiblit déjà beaucoup dans la première génération, entre un blanc et une négresse, pour produire le mulâtre. Cependant ce changement de couleur n'a pas toujours lieu. On m'en a cité un exemple qui a eu une certaine célébrité, dans lequel la couleur noire de la peau, provenant de la mère, s'était conservée dans toute sa force. Un ingénieur français de beaucoup de mérite, Lislet-Geoffroy, né à l'île de France, avait la peau aussi noire que la négresse sa mère, qui était très bornée d'ailleurs pour l'intelligence, il en reproduisait tous les traits ; tandis qu'il avait eu le bonheur d'hériter de son père, de race blanche et né en France, une intelligence distinguée, que l'éducation avait pu facilement cultiver, et avait portée à un haut degré de développement.

Les *Malais* sont, selon toute probabilité, une race *métis* permanente, produits des races caucasiques de l'Inde et jaune ou tartare de la Chine. On retrouve dans les caractères de cette sous-race, ceux des deux races primitives dont elle paraît être composée.

Autant le mélange des *Mulets*, entre eux, est infécond ou peu fécond, autant est-il facile de faire produire les *Métis* ou les générations provenant de races d'une même espèce, de manière à modifier et à multiplier les races persistantes, ou les variétés plus mobiles qui en résultent.

C'est en calculant le degré d'influence de l'un ou l'autre sexe, sur ces produits de la génération des races qu'il rapproche, que l'agriculteur parvient à améliorer celles de ses Chevaux, de ses Moutons, de ses Cochons, de ses Chiens, etc., suivant ses besoins. L'agriculteur anglais est peut-être celui qui a poussé le plus loin la connaissance pratique de cette influence. Sans parler de ses races si perfectionnées de Chevaux et de Moutons, dont on peut facilement apprécier l'origine ; comment est-il parvenu à développer extraordinairement l'arrière-train du Bœuf de Durham, ou la partie la plus charnue de son corps, et à modérer en même temps l'accroissement des os, qui restent petits dans cette race, formée pour la boucherie?

§ 52. *De la proportion des mâles et des femelles dans la génération de l'espèce humaine et des animaux domestiques.*

M. Girou de Buzareingues (1) a publié sur ce sujet, relativement aux animaux domestiques, de nombreuses observations dont je vais donner les principaux résultats.

En général, dans un troupeau de *Moutons*, il y aura, dans les produits de la génération, prédominance des mâles ou des femelles, ou égalité de l'un et de l'autre sexe, suivant que la force de l'un prédominera sur l'autre, ou que leurs forces seront égales. Ce degré de force relative provient, en premier lieu, de l'âge. Les animaux trop jeunes ou trop vieux ont moins de force de propagation, que ceux d'un âge moyen. Si l'on mêle un jeune mâle avec une femelle d'un âge moyen, il y aura plus de femelles que de mâles. Les rapports seront contraires si l'on mêle une jeune femelle avec un mâle d'un âge moyen.

Un vieux mâle, comme un jeune mâle, produiront de même plus de femelles.

Une vieille femelle, comme une jeune, laisseront prédominer les mâles.

Pour que les rapports de la génération des mâles et des femelles soient égaux, il faut accoupler des mâles d'un âge moyen avec des femelles du même âge.

Viennent ensuite les circonstances de

(1) *Ann. des sc. nat.*, t. V, p. 21, t. VIII, p. 108, et t. XV, p. 151.

force dépendant du tempérament, ou celles accidentelles que peut produire une nourriture plus ou moins abondante.

Les mâles, plus reposés, mieux nourris que les femelles, donnent des produits de leur sexe. Il en est de même des femelles, qui, mieux nourries ou plus reposées, donnent des femelles.

M. Morel de Vindé a fait des expériences confirmatives de celles-ci. Les espèces bovine et chevaline ont donné les mêmes résultats, ainsi que le Cochon.

En faisant saillir une ou deux femelles par un étalon dont il voulait obtenir une femelle avec une troisième jument, M. Girou de Buzareingues a obtenu une femelle, de cette dernière jument.

Il cite encore le cas remarquable d'un Verrat de quatre à cinq mois, qui a été livré successivement à deux Truies de la même portée et d'égale force. Celle qui a été saillie la première a mis bas, aussi la première, cinq mâles et deux femelles; et l'autre, quatre heures plus tard, a produit six femelles et deux mâles.

Dans ces exemples, il y a eu épuisement relatif du mâle, qui a fait prédominer l'influence de la femelle (1).

Ces notions, résultats d'expériences positives, font comprendre pourquoi on a généralement observé que, dans les pays orientaux, où la polygamie est admise, le nombre des filles paraît l'emporter sur les garçons.

C'est généralement le contraire en Europe.

Il est né à Paris, en 1845, 32,905 enfants, dont 16,765 garçons et 16,140 filles.

Dans toute la France, il est né, en 1844, 967,324 enfants, dont 497,548 garçons et 469,776 filles.

De 1817 à 1844, il est né en France 13,975,037 garçons, et 13,150,552 filles.

Le rapport de ces deux nombres est à peu près comme 17 est à 16, c'est-à-dire qu'année moyenne, il naît $\frac{1}{16}$ de garçons en sus des filles.

§ 53. *Des ressemblances des enfants, ou des petits des animaux, avec le père ou avec la mère.*

L'étude de ces ressemblances est du plus

haut intérêt pour la théorie de la génération et pour son utilité pratique.

En agriculture, ce sont les expériences acquises, à ce sujet, qui conduisent le plus sûrement au perfectionnement des races.

Pour celle du Cheval, en particulier, on pense généralement que l'étalon contribue plus à la beauté des formes du Poulain, que la Jument; mais que sa taille et sa constitution participent peut-être davantage de la taille et du tempérament de la mère.

Une circonstance à laquelle il faut encore faire la plus grande attention, c'est la pureté de l'origine de l'un et l'autre des parents. Un défaut des ascendants, qui aurait disparu, dont il ne resterait aucune trace dans le père ou la mère, peut se reproduire, dans la seconde génération, soit dans la forme, soit dans la constitution, soit dans le caractère; car chez les animaux domestiques, et même chez les animaux sauvages retenus en captivité, on observe des différences de caractère très remarquables, qui peuvent être pour les animaux domestiques de grands défauts.

Voici, en peu de mots, les résultats d'une longue expérience acquise par M. Girou de Buzareingues; nous les présentons ici comme des données que la science a recueillies avec intérêt, mais sans leur attribuer la valeur de vérités absolues et incontestables.

Les produits des animaux domestiques ressemblent, en général, plus au père qu'à la mère, par la tête, les membres, la couleur, le caractère, en un mot par tout ce qui tient à la vie extérieure; cependant, sous ces mêmes rapports, la femelle, plus que le mâle, ressemble au père; et le mâle, plus que la femelle, ressemble à la mère.

Les mêmes produits ressemblent plus à la mère qu'au père, par la taille, la longueur des poils, les dimensions du bassin, enfin, par tout ce qui est sous l'influence de la vie de nutrition; mais sous ces rapports encore le mâle, plus que la femelle, ressemble au père; et la femelle, plus que le mâle, à la mère (1).

Un seul exemple servira de commentaire à ces propositions. Une *Chienne du mont St-Bernard* avait été couverte à la ménagerie de Paris successivement par un *Chien de Terre-Neuve* un peu moins grand qu'elle,

(1) Ouv. cité, t. XX, p. 61.

(1) *Ann. des sc. nat*, t. V, p. 41.

et par un *Chien courant* beaucoup plus petit. Elle mit bas, en mai 1824, onze petits dont six étaient des femelles et ressemblaient au Chien de chasse. Les cinq autres, du double plus grands que ceux-ci, étaient des mâles et ressemblaient au Chien de Terre-Neuve (1).

L'espèce humaine est soumise aux mêmes conditions, aux mêmes lois, qui décident conséquemment de la ressemblance des enfants avec le père ou la mère. En général, il est plus fréquent de voir les filles ressembler à leur père, et les garçons à leur mère, dans les traits de la figure, dans le degré d'intelligence et dans le caractère, et même dans la constitution qui les dispose aux mêmes maladies.

Cependant, pour juger de ces ressemblances, il ne faut pas se contenter de comparer un enfant dans les premières années de sa vie, à l'un et à l'autre de ses parents; il faut encore le suivre dans le développement de son physique et de toutes ses facultés, dans tout le cours de sa vie.

On trouvera dans la série des métamorphoses produites par la suite des années chez un même individu, que les ressemblances changent quelquefois, même assez souvent, et passent avec l'âge, pour les fils du moins, de la mère au père.

Les ressemblances qui nous paraissent les plus difficiles à comprendre, sont celles qui rappellent les traits ou la constitution de l'un des ascendants, qui avaient disparu dans le père ou la mère et qui se reproduisent dans le petit-fils ou dans la petite-fille.

Il y avait, dans le germe du père et de la mère, une faculté virtuelle de développement dans telle ou telle direction, acquise de l'un ou l'autre ascendant, qui ne se manifeste, dans ces exemples, qu'à la seconde ou même à la troisième génération.

§ 54. *Conclusion.* Que de mystères qu'il ne nous sera jamais donné de découvrir dans cette vie de l'espèce !

Ceux dont la science actuelle a soulevé le voile sont faits cependant pour nous encourager à d'ultérieures investigations, et pour nous donner l'espoir de pénétrer plus

(1) Observation publiée, en 1827, par M. Isidore Geoffroy Saint-Hilaire, *Ann. des sciences naturelles*, t XI. p. 442 et suiv.

avant dans les conditions extérieures qui président à la génération sexuelle, sans lesquelles cette création merveilleuse ne pourrait s'effectuer.

Résumons-les en peu de mots :

1° L'élément mâle d'un germe, le Spermatozoïde, se produit et se développe à l'âge de propagation, et à chaque époque du rut, avec des formes et une composition qui varient pour chaque espèce.

Nous ignorons complétement comment cette production et ce développement ont lieu.

Ce qu'il y a de certain, de bien démontré, c'est que ce Spermatozoïde porte au germe le principe dynamique et matériel de toutes les ressemblances avec son parent mâle, que ce germe montrera après son développement et dans le cours de toute la vie.

2° L'élément femelle du germe, l'Ovule ou l'Œuf, est produit de même par un organe particulier à la femelle, dans lequel il se développe jusqu'à sa maturité.

Les ovules de plusieurs générations successives peuvent se préparer simultanément dans ce même organe. Leur première apparition, et d'abord celle des capsules où ils naissent, peut avoir lieu avant l'âge de propagation. Mais ils ne sont mûrs qu'à cet âge et à l'époque du rut.

La formation de cet élément femelle du germe est de même pour nous un mystère.

3° Le contact plus ou moins intime des deux éléments mâle et femelle, est nécessaire pour la formation du germe, pour la fécondation.

Que se passe-t-il dans ce contact, entre ce que le spermatozoïde apporte à l'ovule, comme élément du germe, et cet ovule? Nous n'en savons rien.

Nous pouvons seulement juger, par les produits, qu'il y a une combinaison, une pénétration, une fusion intime entre les deux éléments du germe; pour former, dans son développement successif, ce tout harmonique, merveilleusement organisable, qui reproduit l'espèce de ses parents.

Nous pouvons encore apprécier la part de chaque élément et de chaque parent, dans la composition du germe, et conclure qu'elle est singulièrement variable; à en juger par les ressemblances de toute espèce, que leur progéniture peut montrer.

Tantôt ces ressemblances semblent également partagées entre le père et la mère; tantôt le partage est plus ou moins inégal, en faveur du mâle ou de la femelle.

Dans d'autres cas enfin, il semble que la femelle seule, ou le mâle seul, ait contribué à former ce germe; tant la ressemblance avec l'un ou l'autre paraît exclusive. C'est surtout alors que cette ressemblance concernant le mâle, donne de la justesse à l'expression vulgaire de semence. Il semble en effet que, dans ce cas, le mâle n'ait fait que verser sa semence, dans un terrain fertile.

Ces ressemblances exclusives avec un seul des deux parents font comprendre, jusqu'à un certain point, les cas rares de propagation sexuelle dont nous avons parlé (§ 18) par la femelle seule, sans le concours du mâle.

Outre l'un des deux éléments du germe qu'elle produit, elle a, de plus que lui, l'organe d'incubation, indispensable pour le développement de ce germe, quand cette incubation doit être intérieure.

Tout le merveilleux de la génération sexuelle est profondément caché dans les organes qui produisent les deux éléments du germe, que la science a déterminés avec sûreté; et dans l'action réciproque de ces deux éléments, ou la fécondation, dont la science a précisé les conditions et les résultats.

———

Nous terminerons cet article, ainsi que nous l'avons annoncé dans le texte (p. 490, à la fin du ch. Ier), par le tableau suivant, qui en sera une sorte de résumé, sous le point de vue de la méthode naturelle de classification.

TABLEAU RÉSUMÉ DES CARACTÈRES PRINCIPAUX QUI DISTINGUENT LES QUATRE EMBRANCHEMENTS DU RÈGNE ANIMAL, LES CLASSES QUI LES COMPOSENT, ET LEURS PREMIÈRES DIVISIONS, TIRÉS DE LEURS ORGANES ET DE LEURS MODES DE PROPAGATION, AINSI QUE DE LEUR DÉVELOPPEMENT.

Premier Embranchement. — **Les Vertébrés.**

Leur seul mode de propagation est la génération bisexuelle dioïque, avec ou sans accouplement. La fécondation est intérieure ou extérieure; dans ce dernier cas, elle a lieu dans l'eau. La sphère vitelline de l'œuf est toujours en rapport immédiat avec le ventre du fœtus. Cet Embranchement se compose de cinq Classes, qui se groupent en deux *sections*, d'après leur mode de respiration dans leur vie fœtale.

SECTION I. — VERTÉBRÉS *à respiration pulmonaire dans l'œuf et dès la sortie de l'œuf.*

SECTION II. — VERTÉBRÉS *à respiration branchiale, au moins durant la première ou la seconde époque de la vie.*

I. MAMMIFÈRES. II. OISEAUX... III. REPTILES..	Leur fœtus respire, à une certaine époque de son développement, ou reçoit l'influence de l'oxygène, par une vessie pulmonaire, très vasculaire, *l'allantoïde*. Il a pour enveloppe immédiate la membrane de *l'amnios*. Leur œuf est toujours pondu dans l'air, lorsqu'ils ne sont pas vivipares.
IV. AMPHIBIES.. V. POISSONS...	Leur œuf est pondu et fécondé dans l'eau quand l'animal n'est pas vivipare; il y éclôt constamment, lorsque l'éclosion n'a pas lieu dans l'oviducte. Leur fœtus n'a ni *amnios*, ni *allantoïde*; il respire, avant le développement des branchies, par les vaisseaux de la membrane vitelline ou par la peau (1).

Iʳᵉ CLASSE. — LES MAMMIFÈRES.

Un lait plus ou moins chargé de principes nutritifs est la première nourriture des petits sortis de l'œuf; il est produit par des mamelles, glandes sous-cutanées, dont le nombre est généralement en rapport avec celui des petits; leur position peut varier d'une famille et d'un genre, et même d'une espèce à l'autre. Tous les Mammifères sont vivipares. La fécondation est intérieure, à la suite d'un accouplement complet. Les femelles ont deux ovaires. Deux oviductes propres reçoivent par une embouchure évasée en entonnoir, qui est seulement contiguë aux ovaires, les ovules mûrs qui se détachent de ces derniers. Ils aboutissent à un seul oviducte incubateur, à cavité simple; ou à chacune de ses branches, s'il est plus ou moins fourchu; ou à chaque oviducte incubateur, s'ils forment deux

(1) C'est à M. Dutrochet que l'on doit la découverte importante (faite en 1815) de l'absence de l'allantoïde chez les Batraciens (nos Amphibies), et à G. Cuvier (en 1817), la généralisation de cette découverte à la classe des Poissons, et conséquemment à tous les Vertébrés qui respirent par des branchies. C'est ainsi, du moins, que l'illustre naturaliste a interprété ce fait, dont la connaissance a singulièrement contribué aux progrès récents de l'ovologie des Vertébrés.

tubes séparés, ayant chacun leur issue distincte dans le canal génital. Le mâle a deux glandes spermagènes, dont les canaux excréteurs aboutissent dans l'origine du canal de l'urètre. C'est dans cette même partie de l'urètre qu'une ou plusieurs glandes prostates ont les orifices de leurs canaux excréteurs. Une verge, composée d'un ou plusieurs réseaux vasculaires érectiles, contenue dans un cylindre fibreux simple ou divisé, ayant le long de la ligne médiane inférieure la continuation du canal de l'urètre, qui s'ouvre à son extrémité, caractérise encore le sexe mâle. La femelle a un organe rudimentaire de même composition, mais sans urètre.

A. SOUS-CLASSE. — **Monodelphes.**

Le fœtus a un placenta, production des vaisseaux ombilicaux ou allantoïdiens. Le développement de l'œuf et du fœtus se complète dans l'oviducte incubateur. La femelle a un seul canal génital, conduit dans l'oviducte, ou les oviductes incubateurs. Il est séparé du canal de la vulve par un ou plusieurs replis membraneux (l'hymen) ou par un cercle distinct, plus étroit, formant comme un isthme. La verge, de forme très variée, peut avoir l'extrémité armée, selon les genres, d'épines ou de lames tranchantes. Ils manquent d'os marsupiaux.

ORDRE I. — BIMANES.

Deux mamelles sur la poitrine, non développées dans le sexe masculin. Un seul oviducte incubateur. La verge a son fourreau détaché. Les glandes spermagènes descendent dans une poche de la peau, le scrotum. Le fœtus passe avec rapidité les premières phases de son développement. Son enveloppe protectrice, la membrane caduque, commence à se former dans les parois de l'organe d'incubation, avant que l'ovule y pénètre.

ORDRE II. — QUADRUMANES.

Deux mamelles sur la poitrine. La verge a son fourreau libre; le scrotum est souvent coloré. L'organe d'incubation est unique, non divisé, ou seulement bilobé. Le placenta paraît être généralement double avec un seul cordon ombilical.

ORDRE III. — CHÉIROPTÈRES.

Deux mamelles sur la poitrine. La verge a son fourreau détaché. L'utérus a une seule cavité pyriforme. Le placenta est en disque.

ORDRE IV. — INSECTIVORES.

La verge a son fourreau fixé. Il y a une ou plusieurs prostates très développées, avec des glandes de Cowper. L'organe d'incubation est à deux cornes. Le placenta utérin est un godet, le fœtal en saillie, entrant dans cette disposition est inverse (dans le *Macroscélide*).

ORDRE V. — CARNIVORES.

Les vésicules séminales manquent. La verge renferme un os de dimensions et de formes variées. Le placenta forme une zone autour de l'œuf, qui est cylindrique ou ovale.

ORDRE VI. — RONGEURS.

L'appareil génital des mâles est très développé dans sa partie glanduleuse. Il se compose d'une ou plusieurs vésicules séminales considérables, de prostates et de glandes de Cowper. La verge a son gland souvent hérissé de pointes dures, ou armé de lames, et soutenu par un petit os. L'utérus est profondément bifurqué; même entièrement séparé en deux dans les Lièvres, et plusieurs autres genres. Le placenta utérin et le fœtal se composent, comme dans

B. SOUS-CLASSE. — **Marsupiaux.**

Ils ont des os marsupiaux, appelés ainsi parce qu'ils sont en rapport avec la bourse génitale des Didelphes. Les fœtus ne paraissent pas contracter d'adhérence placentaire avec les parois de l'oviducte incubateur.

Cette sous-classe comprend deux divisions ou deux sections, dont les animaux diffèrent beaucoup et qui se composent chacune de plusieurs ordres, qui correspondent à certains ordres de la première sous-classe ou de la première série.

1re DIVISION. — **Les Didelphes.**

Appelés ainsi parce qu'ils ont deux sortes de gestations, une première, intérieure, dans l'oviducte incubateur, et l'autre, extérieure, dans une poche sous-abdominale, où se trouvent les mamelles et les tétines, ou entre les replis de la peau qui circonscrivent l'espace qui les renferme. La femelle a deux canaux génitaux, qui répondent à la vulve. Le fœtus sort de ses enveloppes ovariennes encore très petit; sa mère l'introduit, au moment de cette mise bas précoce, dans sa poche sous-abdominale, où il se fixe par la bouche à l'un des mamelons qu'elle renferme, et commence à se nourrir par digestion. La verge a un sphincter commun avec le rectum. Le scrotum est en avant de son issue. Les racines des corps caverneux sont complètement enveloppées par leur muscle. Le bulbe de l'urètre commence aussi par deux racines enveloppées de même par leur muscle.

ORDRE I. — PÉDIMANES FRUGIVORES.

La forme bifurquée du gland de la verge correspond aux deux canaux génitaux de la femelle. Il y a une prostate et plusieurs paires de glandes de Cowper. L'utérus se compose essentiellement de deux boyaux séparés, avec ou sans partie moyenne commune. Ces deux boyaux se continuent directement, dans le dernier cas, ou indirectement, dans le premier, avec deux anses vaginales.

ORDRE II. — CARNASSIERS.

Les organes génitaux comme dans l'ordre I, pour les principaux caractères. La verge a deux glands entre lesquels s'ouvre l'urètre, pour se continuer en demi-canal le long de leur face interne.

ORDRE III. — RONGEURS.

Cet ordre ne comprend qu'un genre, le Phascolome. La verge a son gland à quatre lobes. Il y a trois paires de glandes de Cowper.

les Insectivores, d'un double disque, dont l'un en forme de cupule et l'autre en couvercle. La vésicule ombilicale reste plus grande que l'allantoïde.

Ordre VII. — PROBOSCIDIENS.

Deux mamelles sur la poitrine. L'utérus profondément bifurqué. Il y a des vésicules séminales, des prostates et des glandes de Cowper. La verge n'a pas d'os. Les testicules restent dans l'abdomen.

Ordre VIII. — PACHYDERMES.

Les mamelles sont abdominales ou inguinales. L'utérus a deux cornes. Le placenta garnit tout le chorion, en y formant un grand nombre de très petits disques. Les testicules restent dans l'abdomen ou ne s'avancent que dans l'aine, ou tout au plus vers les ischions (les Cochons). La verge est sans os.

Ordre IX. — SOLIPÈDES.

Le placenta est de même universel et très peu en relief à la surface du chorion. L'allantoïde forme une double voûte sous le chorion ou un segment de sphère.

Il y a un tube membraneux entre les deux canaux déférents, qu'une analogie forcée a fait considérer comme un utérus rudimentaire. La verge est cylindrique, sans os.

Ordre X. — RUMINANTS.

Deux prostates. La verge est grêle, et sans os. Les placentas sont nombreux. Chaque placenta fœtal est reçu dans le placenta utérin, en forme de godet. L'allantoïde est un boyau en cylindre, de là son nom.

La vésicule ombilicale et ses vaisseaux ombilicaux disparaissent très vite dans la suite du développement de l'œuf.

Ordre XI. — TARDIGRADES.

Deux mamelles pectorales. L'utérus pyriforme ; il a deux orifices dans le vagin. Le placenta est un disque occupant presque tout le chorion et composé de nombreux lobules distincts, quoique rapprochés, de volume et de forme très variés. Cette division du placenta est un nouveau rapport qui vient se joindre avec celui des estomacs multiples, pour rapprocher les Tardigrades des Ruminants.

La verge est courte. L'orifice de l'urètre est une fente reculée. Les testicules restent dans l'abdomen.

Ordre XII. — ÉDENTÉS.

L'utérus a la forme allongée de celui des Singes. Il a deux orifices dans le vagin , chez les *Fourmiliers* et l'*Oryctérope* ; il n'a qu'un orifice chez les *Tatous*. Les testicules restent dans l'abdomen. Le placenta est simple et discoïde.

Ordre XIII. — AMPHIBIES QUADRIRÈMES.

Les *Phoques* et les *Morses*.

Les glandes spermatiques restent dans l'abdomen. Les mamelles près de la vulve. Le placenta est en forme de zone.

Ordre XIV. — AMPHIBIES TRIRÈMES.

Les *Lamantins* et les *Dugongs*.

Les mamelles sur la poitrine. Les glandes spermatiques restent dans l'abdomen. Il y a des vésicules séminales. La verge n'a pas d'os ; l'utérus est bifurqué.

Ordre XV. — CÉTACÉS.

Les mamelles de chaque côté de la vulve. Les glandes spermagènes restent dans l'abdomen. L'utérus a deux cornes.

Le placenta est étendu sur toute la surface du chorion , comme chez le Cochon.

Ordre IV. — HALMAPODES.

Cet ordre comprend la famille des Kanguroos, qui a plus de rapports avec les Pachydermes qu'avec tout autre ordre de la première série. La verge a son gland non divisé. La prostate est unique et développée. L'origine des bulbes de l'urètre et des corps caverneux, comme dans l'ordre précédent. Il peut y avoir de même jusqu'à trois paires de glandes de Cowper ou une seule.

2e DIVISION. — **Les Monotrèmes**.

La verge est divisée en deux ou quatre glands hérissés d'épines , qui sont creuses et percées à leur extrémité. Il n'y a qu'un urètre pelvien, dans le mâle comme dans la femelle. Chez celle-ci il reçoit les produits de la génération et les porte dans le vestibule génito-excrémentitiel. Chez le mâle, il verse la semence dans un canal séminal particulier, dont la verge est pourvue. Les glandes spermatiques restent dans l'abdomen. Il y a deux glandes de Cowper, sans prostate, ni vésicules séminales.

La femelle a deux tubes incubateurs qui se continuent insensiblement des oviductes propres. L'état et le degré de développement des fœtus, au moment de la mise bas, n'ont pas encore été bien constatés. Les mamelles, et surtout les mamelons ne paraissent se développer qu'à cette époque.

Ordre V. — ÉDENTÉS.

Cet ordre ne comprend que le genre *Échidné*. La verge a quatre glands.

Ordre VI. — AMPHIBIES.

La femelle a deux mamelles abdominales. L'un de ses ovaires reste à peu près rudimentaire. La verge a deux glands.

Cet ordre ne comprend que le genre *Ornithorhynque* (1).

(1) J'ai publié, pour la première fois, cette classification des Mammifères en 1828 (*Journ. de la Soc. des sciences, agriculture et arts du département du Bas-Rhin*, t. V, p. 280 et suiv.), avec tous les caractères, tirés des organes du mouvement, d'alimentation, etc , qui distinguent nettement les Ordres. Il en a paru une seconde édition, en 1835 , dans le tome II des *Mémoires de la Société d'histoire naturelle de Strasbourg*, par les soins de M. Lereboullet , alors mon aide. Cet exposé pourra servir de supplément à la partie historique de l'article *Mammifères* de ce Dictionnaire.

On trouvera plus de détails sur ces classifications de tout le Règne animal, dans un extrait des cours que j'ai faits au Collège de France, qui a paru, ou qui paraîtra encore, dans la *Revue zoologique* de 1846, de 1847 et de 1848.

B. CLASSE DES OISEAUX.

La fécondation a lieu avant la ponte dans l'ovaire même. La femelle n'a pour tout organe d'accouplement que le vestibule génito-excrémentitiel, dont l'orifice est ouvert sous un coccyx mobile. Elle a un seul oviducte et un seul ovaire développé. Le mâle est rarement muni d'une verge, dont la composition présente trois types différents, dans les espèces et les genres qui en sont pourvus. Elle est contenue dans le vestibule, dans lequel s'ouvrent les canaux excréteurs de deux glandes spermagènes; celles-ci restent dans la cavité viscérale. Il n'y a aucune autre glande dont le produit modifierait la composition du sperme en s'y mélangeant, ni aucun réservoir à cet effet. Les œufs ont une coque solide, de nature calcaire, perméable à la chaleur et à l'air atmosphérique, et assez résistante pour soutenir le poids du parent qui doit les couver. La femelle seule, ou la femelle et le mâle réunis et appariés, construisent un nid, ou bien arrangent une place où ces œufs doivent être pondus et couvés par un seul ou par les deux parents.

C. CLASSE DES REPTILES.

Les femelles ont deux ovaires et deux oviductes, dont l'embouchure abdominale, évasée, reçoit les ovules, qui se détachent des ovaires et s'y complètent, comme dans la classe précédente, de l'albumen et des enveloppes de l'œuf. L'autre extrémité des oviductes a son embouchure dans le vestibule. La coque peut avoir la consistance de celle des œufs d'Oiseaux ou celle du parchemin. Les mâles ont deux glandes spermagènes dans la cavité viscérale. Leurs deux canaux sécréteurs s'ouvrent dans le vestibule et y sont en rapport, au moment de l'érection, avec la verge de leur côté, quand ils en ont deux, ou avec une seule verge; tous les Reptiles ayant au moins une verge. Tous ceux qui ont l'orifice du vestibule rond, ou ovale, n'en ont qu'une. Il y en a deux lorsque cet orifice est une fente transversale. La fécondation est intérieure, suite d'un accouplement intime. La ponte peut avoir lieu peu de temps, ou longtemps après. Dans ce dernier cas, l'éclosion est plus ou moins rapprochée de la ponte. Elle peut se faire dans l'oviducte; alors l'animal est ovo-vivipare. Nous divisons la classe des Reptiles en trois sous-classes.

1re SOUS-CLASSE. — LES CHÉLONIENS.

Les mâles n'ont qu'une verge retirée dans le vestibule, dont l'orifice est rond et reculé sous la queue. La verge a deux canaux péritonéaux, un corps caverneux et un sillon dorsal. Les femelles ont un clitoris semblablement organisé et situé, mais plus petit. Toute cette sous-classe est ovipare. La ponte a lieu peu de temps après la copulation, qui est longue. Le développement se fait dans l'air. Cette sous-classe se divise en quatre ordres, qui répondent aux familles de MM. Duméril et Bibron. I. Les TORTUES TERRESTRES. II. Les PALUDINES. III. Les POTAMIDES. IV. Les THALASSITES, ou Tortues marines. Celles-ci ont des œufs à coque coriace; tandis que ceux des trois premiers Ordres ont une coque calcaire, solide et résistante.

2e SOUS-CLASSE. — LES LORISAURIENS ou SAURIENS CUIRASSÉS.

Par sa génération et son développement, cette sous-classe a beaucoup de rapports avec la précédente. Il n'y a de même qu'une verge, retirée dans un compartiment du vestibule, dont l'orifice extérieur est rond ou oblong et non transversal. La verge se compose d'un tissu fibreux élastique et d'un réseau vasculaire érectile qui en occupe surtout l'extrémité. Il y a deux canaux péritonéaux qui s'ouvrent dans le vestibule ou s'avancent un peu sur les côtés de la verge. La ponte suit de près la copulation. La coque des œufs est dure et calcaire.

Cette sous-classe ne se compose que d'un seul Ordre, dans la création actuelle, celui des CROCODILIENS.

3e SOUS-CLASSE. — LES SAUROPHIDIENS.

Le vestibule génito-excrémentitiel s'ouvre vers la base de la queue par une fente transversale. Cette forme d'ouverture est toujours liée avec l'existence de deux verges, composées d'un fourreau, lequel s'invagine dans lui-même, au moment de l'érection, pour sortir par chaque commissure de cette fente. L'extrémité, ou le gland de ces verges, est simple ou divisé en plusieurs lobes. La peau en est lisse ou hérissée d'épines. Un sillon pour la direction de la semence, correspond à l'orifice du canal déférent du même côté. Les femelles n'ont rien d'analogue. La ponte a lieu plus ou moins longtemps après la copulation.

Le développement du fœtus commence et s'avance aussi plus ou moins dans l'oviducte incubateur. Il peut s'y terminer. Cette ovo-viviparité n'est plus ici qu'un caractère d'espèce, de genre ou tout au plus de famille. L'enveloppe des œufs est peu calcaire et seulement coriace.

Nous divisons cette sous-classe en quatre Ordres. Ier ordre. Les ORTHOSAURIENS.

IIe ordre. Les PROTOSAURIENS, qui comprennent les Seps et les Orvets, les Chalcides et les Ophisaures.

IIIe ordre. Les PROTOPHIDIENS, qui sont les Acontias, les Amphisbènes et les Typhlops.

IVe ordre. Les ORTHOPHIDIENS. Ceux-ci se subdivisent en trois sous-ordres.

A. Les ORTH. non venimeux, qui sont généralement ovipares. Cependant la Coronelle lisse et le Boa rativore sont ovo-vivipares.

B. Les ORTH. venimeux à crochets postérieurs précédés des dents ordinaires.

C. Les ORTH. venimeux à crochets antérieurs. Ces derniers se groupent en deux tribus, suivant que les crochets antérieurs sont suivis de quelques dents ordinaires (les Pélamides, les Hydres), ou qu'ils sont isolés (les Vipères, les Crotales, les Trigonocéphales, les Najas). Les venimeux à crochets antérieurs sont généralement vivipares. Cependant les Najas sont ovipares.

IVᵉ CLASSE. — LES AMPHIBIES.

Ils sont ovipares, ou bien ovo-vivipares. La fécondation, dans ce dernier cas, est intérieure. Dans le premier, elle est extérieure, et elle a lieu à l'instant de la ponte, à la suite d'un rapprochement long et persistant des sexes, qui simule un accouplement. Deux ovaires et deux oviductes séparés des ovaires reçoivent les ovules par un orifice péritonéal évasé, situé ordinairement assez loin de l'ovaire correspondant.

ORDRE I. — LES OPHIDIO-BATRACIENS
(les *Cécilies*).

L'organisation du vestibule du mâle et les verges en crochets que nous avons découvertes dans une espèce, nous font présumer qu'une partie de ce vestibule se renverse pour pénétrer dans celui de la femelle, au moment d'un véritable accouplement.

ORDRE II. — LES BATRACIENS ANOURES, Dum.

Dont les œufs sont fécondés par le mâle, qui reste cramponné sur le dos de la femelle, pendant plusieurs jours, et même au-delà d'une semaine, suivant les espèces. Il les féconde généralement dans l'eau, à mesure qu'ils sortent.

ORDRE III. — LES BATRACIENS URODÈLES,
Duméril.

Comprend des ovipares et des ovo-vivipares, suivant les genres. Les *Tritons*, de la famille des Salamandres, sont ovipares. Le genre *Salamandre* se compose d'espèces ovo-vivipares. Dans l'un et l'autre cas la fécondation est intérieure. Les *Tritons* ont une verge d'une structure toute particulière.

ORDRE IV. — LES ICHTHYO-BATRACIENS.

Les genres *Protoptère* et *Lépidosiren*.
Ils restent amphibies par une respiration pulmonaire, simultanée avec la respiration branchiale, qui n'est ici que secondaire, au moyen d'organes rudimentaires. Aux deux ovaires de la femelle répondent deux oviductes, qui en sont séparés, comme chez tous les amphibies, et reçoivent les ovules par une embouchure péritonéale évasée.

Vᵉ CLASSE. — LES POISSONS.

Cette classe est généralement ovipare et rarement ovo-vivipare. La fécondation, dans ce dernier cas, doit être intérieure, à la suite d'un rapprochement des sexes. Dans le premier cas, l'œuf est fécondé dans l'eau après la ponte. Ses enveloppes ont une structure admirablement propre à faciliter ce mode de fécondation.

Nous divisons la classe des Poissons en trois sous-classes, qui nous paraissent avoir chacune des caractères distinctifs très importants, dans les divers systèmes organiques, et en particulier dans les organes et le mode de génération et de développement. Nous ne pourrons énumérer ici que ces derniers.

1ʳᵉ SOUS CLASSE. — LES SÉLACIENS.

Les mâles ont deux glandes spermogènes avec un épididyme considérable. Ils ont des appendices extérieurs très compliqués, composés de cartilages, de muscles, et d'un système sanguin particulier, qui sont placés de chaque côté de l'orifice vestibulaire.
Les femelles ont deux ovaires et deux oviductes séparés des premiers, ayant un orifice péritonéal évasé pour recevoir les ovules, comme les quatre classes précédentes. La fécondation a lieu avant la ponte, dans l'ovaire même, à la suite d'un accouplement. Les uns sont ovipares, et leur œuf a une enveloppe coriace très épaisse; les autres sont vivipares, et parmi ceux-ci, il y en a qui contractent avec leur vitellus une adhérence placentaire aux parois de l'oviducte incubateur (les *Requins*, l'*Émissole lisse*); tandis que l'œuf de l'*Émissole vulgaire* reste libre; ce qui diminue singulièrement l'importance du caractère de cette sorte de placenta vitellin. Les *Chimères*, les *Raies* et les *Squales* composent cette sous-classe.

IIᵉ SOUS-CLASSE. — LES POISSONS ORDINAIRES.

Il y a deux ovaires, rarement un seul. Quand il y a un oviducte qui répond à l'ovaire, il commence par la cavité centrale de l'ovaire et lui est continu.Quelques uns manquent d'oviducte; alors les œufs tombent dans la cavité abdominale et sortent par deux orifices péritonéaux (les *Anguilles*, les *Saumons*). Les glandes spermogènes sont toujours paires, même lorsqu'il n'y a qu'un ovaire. Elles n'ont jamais d'épididyme. Peu d'espèces sont ovo-vivipares; elles font partie des genres *Clinus*, *Zoarces*, *Cristiceps*, *Poecilia* et *Anableps*.

IIIᵉ SOUS-CLASSE. — LES CYCLOSTOMES.

Ont un cordon fibreux au lieu du corps des vertèbres. Les ovaires sont doubles, sans oviductes.

ORDRE I. — LES SUCEURS, Cuv., qui comprennent les deux familles des *Lamproies* et des *Mixynoïdes*.

ORDRE II. — LES BRANCHIOSTOMES, cet ordre ne se compose que du *Branchiostoma lubricum* Costa. C'est le Vertébré le plus inférieur.

Deuxième Embranchement. — **Les Animaux articulés.**

Les *Insectes*, les *Myriapodes*, les *Arachnides* et les *Crustacés* ont généralement les sexes séparés, comme les Vertébrés. Ils ont même des organes d'accouplement très compliqués. Dans le développement du fœtus, le vitellus est toujours à la face dorsale du corps. Ce premier groupe très naturel a le corps et les pieds articulés. Les deux autres classes, celles des *Annélides* et des *Cirrhopodes*, sont isolées et ne forment pas un groupe distinct.

GROUPE DES ARTICULÉS DIOÏQUES,
AVEC ORGANES D'ACCOUPLEMENT.

PREMIÈRE CLASSE. — LES INSECTES ou LES ARTICULÉS HEXAPODES.

Leurs organes d'accouplement sont à l'extrémité de l'abdomen dans l'un et l'autre sexe. Les mâles ont une seule verge. L'immense majorité des Insectes est ovipare; un petit nombre est vivipare (les Pucerons, l'Hippobosque). Parmi les Insectes qui vivent en sociétés nombreuses, outre les mâles et les femelles chargés de continuer l'espèce, il y a des neutres qui n'ont que des organes de génération rudimentaires. Ce sont des organes femelles qui ne se sont pas développés.

La plupart des femelles, dans cette classe, ont un réservoir séminal qui communique avec l'oviducte et verse la semence sur les œufs, à mesure qu'ils passent, au moment de la ponte. Celle-ci peut avoir lieu longtemps après l'accouplement. Elles ont encore une vésicule copulatrice distincte.

Deuxième classe. — LES MYRIAPODES.

Ils présentent deux types dans leur appareil de génération, un pour chaque sous-classe.

A. Sous classe. — LES CHILOPODES.

Les organes de la génération, qui servent à l'accouplement, sont simples et situés, comme chez les Insectes, à l'extrémité de l'abdomen. (Exemple : les *Scolopendres.*)

B. Sous-classe. LES CHILOGNATHES.

Les organes d'accouplement mâles et femelles sont doubles et situés très en avant dans les premiers segments du corps. (Exemple : les *Iules.*)

Troisième classe. — LES ARACHNIDES.

Les Arachnides ont, comme les Myriapodes, deux types dans leur appareil de génération, qui répondent aux deux premières divisions de cette classe. Quelques uns sont vivipares.

A. Sous-classe. — LES ARACHNIDES PULMONAIRES.

Tous les animaux de cette sous-classe ont deux glandes spermogènes (les mâles), deux glandes ovigènes (les femelles), et deux organes mâles d'accouplement.

Ordre I. — LES ARANÉIDES FILEUSES. Le dernier article des palpes, chez les mâles, renferme un organe copulateur très compliqué, qui sert à prendre la semence à son issue sous la base de l'abdomen, et la transporte dans la vulve de la femelle. Les femelles enveloppent dans un cocon les œufs qu'elles ont pondus.

Ordre II. — LES PÉDIPALPES. Ils ont deux verges écailleuses (la famille des *Scorpions*) rapprochées, sous la partie reculée du thorax. Chacune communique avec le canal déférent de son côté. La vulve à la même position ; elle reçoit les deux oviductes, séparément ou réunis en un seul tube. Cette même famille est vivipare.

B. Sous-classe. — LES ARACHNIDES TRACHÉENNES.

Les organes d'accouplement mâles et femelles sont simples.

Ordre III. — LES SOLPUGIDES, W,

Ordre IV. — LES PHALANGIENS. Ont (les *Faucheurs*) une longue verge, composée de plusieurs pièces engaînées qui sortent en avant du sternum. La vulve s'ouvre entre les dernières pattes ; elle laisse sortir un oviscapte tubuleux, compliqué.

Ordre V. — LES ACARIDES. Cet ordre comprend des espèces vivipares. La position des organes d'accouplement varie. L'*Ixode* a son oviducte un peu en arrière de la bouche ; le *Trombidium satiné*, à la base de l'abdomen ; les *Hydrachnelles* l'ont en arrière de l'abdomen. Quelques animaux de cet ordre pourraient bien être hermaphrodites, comme ceux de l'ordre suivant :

Ordre VI. — LES TARDIGRADES.

Quatrième classe. — LES CRUSTACÉS.

Se font remarquer par le mode d'incubation des œufs. Ils restent attachés, dans la plupart des ordres, à quelque partie extérieure du corps de la femelle, au moins pendant une partie de l'incubation, souvent jusqu'à leur éclosion. Ils sont fécondés dans l'oviducte, à la suite d'un accouplement intime, ou au moment où ils passent dans leur lieu d'incubation. L'appareil mâle d'accouplement est généralement très compliqué et double. Celui de la femelle est double ou simple. L'un et l'autre tiennent au thorax ou à la base de l'abdomen.

Ordre I. — Les DÉCAPODES ont deux verges avec une armure compliquée; elles sont situées en arrière du thorax ou à la base de l'abdomen. Les vulves sont percées de chaque côté du troisième segment du thorax.

Le sous-ordre des BRACHYGASTRES a deux pièces calcaires pour protéger chaque verge, tube membraneux qui reste hors du thorax.

Dans le sous-ordre des MACROGASTRES, la verge est repliée dans le thorax et s'introduit dans un fourreau calcaire au moment de l'érection. Les vulves sont situées dans l'article basilaire de la troisième paire de pieds.

Les œufs restent fixés, durant le développement, à des appendices sous-abdominaux.

Ordre II. — Les STOMAPODES (les *Squilles*) ont deux verges en forme de stylet coudé, articulé en dedans du premier article de la dernière paire de pattes thoraciques. Il n'y a qu'une vulve au milieu du dernier segment de cette région.

Ordre III.—Les XYPHOSURES ont deux verges, ou

deux vulves à la face dorsale de la première paire de fausses pattes abdominales.

Les femelles des ordres { IV (les LÆMODIPODES) / V (les AMPHIPODES) / VI (les ISOPODES) } portent leurs œufs sous le thorax.

Le *Cyamus ceti*, de l'ordre IV, a deux verges articulées sur le tubercule qui tient lieu de l'abdomen.

Les ISOPODES ont une ou deux verges tubuleuses, continuation des canaux déférents, situées dans le premier segment abdominal. Une double armure écailleuse et deux stylets articulés au second segment abdominal font partie de cet appareil de copulation.

Les organes mâles de copulation, quand ils existent, sont doubles chez les BRANCHIOPODES et les SYPHONOSTOMES, formant les ordres VII et VIII. Les œufs passent dans des poches suspendues à la base de la queue (les Cyclopes), ou dans un espace vide entre les vulves et le corps (les Daphnies), etc.

CINQUIÈME CLASSE. — LES CIRRHOPODES.

Ces animaux, qui font la transition des *Articulés* aux *Mollusques*, sont hermaphrodites, sans véritable organe d'accouplement. Les œufs passent de l'ovaire dans le manteau, leur lieu d'incubation. Un organe appendiculaire mobile, sorte de fausse verge, qui reçoit les deux canaux déférents, paraît devoir les féconder au passage.

Les *Cirrhopodes* éclosent avec les caractères de forme des Crustacés. Ils perdent dans leurs métamorphoses la locomotilité qu'ils avaient en sortant de l'œuf.

SIXIÈME CLASSE. — LES ANNÉLIDES.

Ces animaux présentent de grandes différences, selon les ordres, dans leur mode de génération. Ils font le passage des Articulés aux Helminthes.

Les TUBICOLES ou SÉDENTAIRES et les ERRANTES ou DORSIBRANCHES, Ordres I et II, paraissent avoir généralement les sexes séparés, mais sans organes d'accouplement. La laite du mâle se répand dans l'eau, qui porte le sperme sur les œufs de la femelle.

On a observé une espèce de *Syllis*, parmi les *Annélides errantes*, et plusieurs *Naïdes*. qui multiplient par scissure, avant de produire, toujours par scissure, des individus qui ne contiennent que des œufs ou de la laite.

Le IIIe Ordre, celui des ABRANCHES ou ENDO-BRANCHES, est hermaphrodite, avec des organes pour un accouplement réciproque. Ils sont, du moins, très développés dans la famille des *Hirudinées*, dont les individus adultes ont une verge considérable, en avant du corps et au-devant de la vulve. Les *Lombrics* ont, pour tout organe d'accouplement, une ceinture saillante, dans le premier tiers de leur corps, au moyen de laquelle ils adhèrent l'un à l'autre.

M. de Quatrefages a vu dans un jeune *Térébelle* le vitellus se continuant par un canal étroit avec le commencement de l'œsophage. C'est le rapport que l'on trouve dans la classe suivante.

Troisième Embranchement. — **Les Mollusques.**

Les six classes qui composent cet embranchement présentent l'un ou l'autre, ou plusieurs des modes de génération sexuelle. La plus inférieure, celle des Tuniciers, peut être encore gemmipare. Cet embranchement se divise en deux groupes de chacun trois classes; ce sont les Céphalés et les Acéphales.

PREMIER GROUPE. — **LES MOLLUSQUES CÉPHALÉS.**

Ire CLASSE. — Les CÉPHALOPODES. Les sexes sont séparés. La fécondation a lieu peu avant ou à l'instant de la ponte. L'accouplement consiste dans le simple abouchement des deux entonnoirs. Les machines compliquées qui renferment les Spermatozoïdes en démontrent à elles seules l'importance.

IIe CLASSE. — Les GASTÉROPODES ont plusieurs modes de propagation sexuelle. Ils n'ont jamais qu'un ovaire ou une glande spermagène. Les deux glandes peuvent être séparées ou réunies dans le même individu. Dans ce dernier cas, elles peuvent être emboîtées l'une dans l'autre, de manière à ne former, en apparence, qu'un seul organe. Les organes d'accouplement peuvent manquer dans l'un et l'autre cas, ou former un appareil d'organes très compliqué. Les œufs des Gastéropodes aquatiques, composés d'un vitellus, d'un chorion et de très peu d'albumen, sont déposés en grand nombre dans une coque de forme très variée, contenant un liquide albumineux pour *nidamentum*.

A. GASTÉROPODES *avec organes d'accouplement*.

Les uns sont *hermaphrodites;* ils ont un accouplement réciproque et composent les Ordres des I. Pulmonés, II. Nudibranches, III. Inférobranches, et IV. Tectibranches.

Les autres ont les sexes séparés, V. Les Hétéropodes. VI. Les Pectinibranches.

B. GASTÉROPODES qui *manquent d'organes d'accouplement.*

Les uns ont les sexes séparés. L'ordre IX des CYCLOBRANCHES (du moins les Patelles).

Les autres ont les organes sexuels réunis dans le même individu. VII. Les TUBULIBRANCHES. VIII. Les SCUTIBRANCHES.

IIIe CLASSE. — Les PTÉROPODES sont hermaphrodites avec des organes d'accouplement.

Le DEUXIÈME GROUPE, celui des **ACÉPHALES**, *manque d'organes d'accouplement.*

IVe CLASSE. —Les ACÉPHALES TESTACÉS, ou Lamellibranches, ont leurs glandes ovigène et spermagène réunies dans le même individu (les *Peignes*, les *Cyclas*), ou séparées, le plus souvent, dans des individus différents. L'eau est le véhicule du sperme. Chez plusieurs, l'incubation a lieu dans le manteau ou les branchies.

Ve CLASSE. — Les BRANCHIOPODES. — On ne connaît encore que leurs œufs; ils sont supposés hermaphrodites.

VIe CLASSE. — Les TUNICIERS, Acéphales sans coquille, forment, dans notre méthode, deux sous-classes distinctes.

A. La sous-classe des TUNICIERS TRACHÉENS, qui comprend les *Biphores*. Ils sont libres et produisent des petits qui sont enchaînés les uns aux autres dans une position déterminée, selon les espèces.

B. La sous-classe des TUNICIERS THORACIQUES ou ASCIDIENS. Ils sont fixés; quelques uns réunissent au mode de génération gemmipare, la génération bisexuelle hermaphrodite.

Quatrième Embranchement. — **Les Zoophytes ou les Animaux rayonnés.**

Les agrégations phytoïdes ou arborescentes d'un grand nombre de Zoophytes, ont lieu au moyen de la propagation gemmipare, ou par germe adhérent. Ces gemmes peuvent se détacher avant leur complet développement; ce sont alors des bulbilles. Un certain nombre de Zoophytes se propagent par division. La plupart ont les organes sexuels mâle et femelle. On ne trouve d'organes d'accouplement que dans la classe des Helminthes.

Ire CLASSE. — Les ÉCHINODERMES ont les organes sexuels de la génération, réunis ou séparés, sans organes d'accouplement (les Ordres Ier des *Holothurides*, II des *Échinides*, III des *Astérides*); celui IV des *Crinoïdes* a, de plus, la génération gemmipare.

IIe CLASSE. — Les ACALÈPHES ont les sexes séparés, ou réunis, suivant les genres; mais sans organes d'accouplement. Quelques *Méduses* se propagent par gemmes, avant leur état parfait.

IIIe CLASSE. — Les EXOPHYES (les *Vélellides*, les *Physalies*, les *Stéphanomies*, les *Diphyes*) paraissent avoir la propagation sexuelle hermaphrodite.

IVe CLASSE. — Les POLYPES ont la propagation bisexuelle hermaphrodite, ou séparée, sans organes d'accouplement, et la propagation gemmipare.

I. L'ordre des POLYPES ASCIDIENS OU CELLULAIRES a les organes sexuels réunis ou séparés. Dans ce dernier cas les ovules sont fécondés par l'eau spermatisée, qui entre pour la respiration dans la cavité viscérale par un orifice extérieur distinct. Il est probable qu'ils jouissent aussi de la propagation gemmipare.
II. L'ordre des POLYPES TUBULAIRES a la propagation gemmipare et la génération sexuelle.
Les organes sexuels peuvent exister séparément sur une même tige, ou sur des tiges différentes. Ils sont à l'extérieur, dans des capsules qui peuvent avoir la même forme que les *Polypes alimentaires*. Ce sont des *Polypes générateurs*, qui sont caducs comme les fleurs ou les fruits des plantes.

Les tumeurs que les œufs mûrs produisent à la surface de la peau, chez les *Hydres*, ont de l'analogie avec ce mode de propagation extérieure.
III. L'ordre des POLYPES ACTINOÏDES a la génération bisexuelle, sans organes d'accouplement, et la propagation gemmipare. Les sexes peuvent être séparés dans les individus agrégés, appartenant à une même tige; ou séparés chez des individus libres et non agrégés (les Actinies).
Les organes mâles ou femelles tiennent à des lames intérieures qui divisent la cavité viscérale, dans laquelle pénètre l'eau pour la respiration et le chyle pour la nutrition. Ce mode de génération sexuelle diffère essentiellement de celui des Polypes tubulaires.

IVe CLASSE. — Les PROTOPOLYPES (les *Éponges* et les *Téthyes*) se propagent uniquement par génération gemmipare; les gemmes restent adhérents ou deviennent libres avant leur métamorphose; ce sont alors des bulbilles.

VIe CLASSE. — Les HELMINTHES. Ils se divisent en trois sous-classes, qui ont chacune leurs caractères de propagation.

A. La sous-classe des *Cavitaires* a la génération sexuelle avec les sexes séparés, et des organes d'accouplement, sans propagation gemmipare.

B. La sous-classe des *Parenchymateux* est hermaphrodite, avec des organes pour un accouplement réciproque. Quelques espèces paraissent jouir de la génération fissipare.

C. La sous-classe des *Helminthophytes* peut avoir les organes sexuels et d'accouplement dans chaque anneau (les *Ténioïdes*) ou manquer de ces organes et ne produire que des gemmes ou des bulbilles (les *Hydatides*).

VIIe CLASSE. — Les ROTIFÈRES ont la génération sexuelle. Ils paraissent hermaphrodites, sans organes d'accouplement.

VIIIe CLASSE. — Les ANIMALCULES. Leur propagation paraît se faire exclusivement par bulbilles ou propagules, et par division.

Cette esquisse, quoique incomplète, montrera du moins le parti que l'on pourrait tirer des caractères pris dans les organes et les fonctions de la génération, pour contrôler les classifications que l'on regarde comme naturelles. — (DUVERNOY.)

www.ingramcontent.com/pod-product-compliance
Lightning Source LLC
Chambersburg PA
CBHW050603210326
41521CB00008B/1093